地震水准测量实施指南

陈阜超　纪　静　塔　拉　郑智江
何庆龙　赵立军　陈聚忠　编著

地震出版社

图书在版编目（CIP）数据

地震水准测量实施指南 / 陈阜超等编著. —北京：地震出版社，2021. 11

ISBN 978-7-5028-5386-0

Ⅰ. ①地… Ⅱ. ①陈… Ⅲ. ①地震观测—水准测量—指南 Ⅳ. ①P315. 61-62

中国版本图书馆 CIP 数据核字（2021）第 237943 号

地震版 XM5082/P（6178）

地震水准测量实施指南

陈阜超 纪 静 塔 拉 郑智江 何庆龙 赵立军 陈聚忠 编著

责任编辑：王 伟

责任校对：凌 樱

出版发行：地震出版社

北京市海淀区民族大学南路 9 号　　邮编：100081

销售中心：68423031　68467991　　传真：68467991

总 编 办：68462709　68423029

编辑二部（原专业部）：68721991

http://seismologicalpress. com

E-mail：68721991@ sina. com

经销：全国各地新华书店

印刷：河北文盛印刷有限公司

版（印）次：2021 年 11 月第一版　2021 年 11 月第一次印刷

开本：787×1092　1/16

字数：218 千字

印张：8. 5

书号：ISBN 978-7-5028-5386-0

定价：60. 00 元

前　言

用于指导地震水准测量作业技术的规范性文件（类同于现在的标准）始于20世纪80年代初，止于90年代初，主要有《大地形变测量规范（一、水准测量）》《区域精密水准测量技术文件汇编》《跨断层测量规范》和《大地形变台站测量规范（短水准测量）》等四本规范性文件，对于监测地壳垂直形变手段的地震水准测量作业进行了系统规定，成为地震水准测量的主要技术依据。由于这些技术依据性文件都是1997年3月21日国家技术监督局批准成立全国地震标准化技术委员会成立之前编制的，没有获得标准号，不能有效地受到全国地震标准化技术委员会的管理，而DB/T 5—2003《地震地形变数字水准测量技术规范》虽然有标准号，但只是对使用数字水准仪作业的地震水准测量进行了一些补充式的技术规定。

因此《地震水准测量规范》使用了《地震地形变数字水准测量技术规范》的标准号DB/T 5，在内容上不仅继承和整合了以上规范的基础条款，而且吸纳了最新的科研成果，成为新一代的地震水准测量作业技术标准。编制工作主要依托地震科研专项大地形变测量规范（水准测量）编制（项目编号：200908028）项目的支撑，项目收集的资料和实验研究对于规范的编写具有重要的参考价值，是修改和新增条款的主要科学依据。在广泛征求相关行业专家意见并通过形变专业委员会专家评审的基础上，经过不断修改完善规范条款，逐步形成《地震水准测量规范》的工作讨论稿、征求意见稿、送审讨论稿、送审稿、报批稿至发布实施的文本。

本书从解读《地震水准测量规范》具体条款内涵和制定原因入手，解释实际工作中出现问题，从而起到宣传贯彻《地震水准测量规范》的作用，为提高和统一地震水准测量作业水平和成果质量提供参考和帮助。本书的第1章由陈阜超和陈聚忠编写，第2章由纪静和陈阜超编写，第3章由塔拉和陈阜超编写，第4章由陈阜超和赵立军编写，第5章由郑智江和塔拉编写，第6章由何庆龙和纪静编写，全书由陈阜超统稿、陈聚忠审阅。由于编者的水平有限，书中错误和不足之处在所难免，敬请广大读者斧正。

编　者

2021年10月

目　　录

第1章　概　　况

1.1　项目情况

1.1.1　立项背景和必要性

在我国，利用地震水准测量进行地壳垂直形变监测研究已有60年的历史，自1966年邢台地震以后，地震测量队（中国地震局第一监测中心的前身）在华北地区开展了区域水准复测，并建立了一批跨断层水准观测场地和台站短水准观测场地。地震水准测量以其几何与物理意义明确，成为监视区域地壳垂直形变和活动断层的重要手段，在地震预测预报实践和地球动力学研究中占有重要的地位。特别值得一提的是以地震水准测量成果作为主要判定依据，为成功预报1975年海城地震做出过重要贡献，成为地震预测预报实践中具有减灾实效的典范。

地震系统有23个省局和直属单位从事地震水准测量工作，通过几代地壳形变工作者的努力，全国已建成的地震区域水准测线长度约7万千米并形成水准测网，累积观测长度超过80万千米，建成并运行238处跨断层水准测量（其中196个场地为单一的水准测量，22个场地为水准与测距观测，20个为水准与基线丈量）和25个台站水准测量场地。以区域水准测量、跨断层水准测量和台站水准测量构成的地震水准测量已基本形成“点—线—面”的监测布局，在地震前兆形变监测与地震预测预报的科学实践中发挥重要作用。

“八五”期间实施了地震台站台网改造，逐步使地震水准测量观测仪器得以升级换代。“九五”期间的首都圈示范工程项目使首都圈水准测网与重力测网相联系。“十五”期间的中国数字地震观测网络项目把晋冀蒙水准网、陕甘宁水准网和川滇水准网改造建设成集水准、GPS和重力观测技术于一体的综合观测网，又在全国建立了20处跨主要构造的跨断层综合观测（水准、GPS、重力）场地。使地震水准测量逐步与GPS和重力观测技术融合，不断向综合观测方向发展，并在“十一五”至“十三五”的中国综合地球物理场观测项目的实施中发挥作用。

20世纪80年代以来，地壳形变科学工作者经过多年的探索和总结，制定了一批与地震水准测量相关的技术规范。包括：《大地形变测量规范（一、水准测量）》（国家地震局，1983年）、《大地形变台站测量规范（短水准测量）》（国家地震局科技监测司，1990年）、《跨断层测量规范》（国家地震局，1991年）和《区域精密水准测量技术文件汇编》（国家地震局科技监测司，1996年）等。进入21世纪以来，还制定了多部与地震水准测量有关的规范：DB/T 5—2003《地震地形变数字水准测量技术规范》、DB/T 8.3—2003《地震台站建

设规范　地形变台站　第3部分：断层形变台站》、GB/T 19531.3—2004《地震台站观测环境技术要求　第3部分：地壳形变观测》、DB/T 40.2—2010《地震台网设计技术要求　地壳形变观测网　第2部分：流动形变观测》和DB/T 47—2012《地震地壳形变观测方法　跨断层位移测量》等。这些技术标准在规范地震水准测量作业和保证监测成果质量方面起到了很好的保障作用，在地震水准测量中发挥了应有的作用。

但因直接为地震水准测量制定的规范为20世纪发布，已使用多年，有的规范甚至已经使用了30多年。而DB/T 5—2003《地震地形变数字水准测量技术规范》主要是针对地震水准测量使用数字水准仪的规范，只是对原有的地震水准测量规范的一种补充。为此多年来形变专业委员会和许多单位的技术管理部门陆续出台了一些地震水准测量作业的技术补充规定，以保障地震水准测量作业，实际工作中明显感到原有的地震水准测量有关规范不能满足观测技术要求。为了使地震水准测量成果更好地服务于防震减灾事业，编写满足地震水准测量实际工作需求，且能够替代（DB/T 5—2003）《地震地形变数字水准测量技术规范》的《地震水准测量规范》显得十分必要。

为保证地震水准测量观测资料的科学性、准确性、可比性、传递性，需要对地震水准测量的各个环节进行统一规定，需要开展地震水准测量技术标准的研究和编制。这将有利于地震水准测量作业，有利于地壳形变学科的发展，有利于地壳形变观测新技术的应用，有利于从技术系统的配备及性能指标上规定基本技术要求，有利于在形变观测场地和观测点的建设中合理设置多种地壳形变观测设施，为能够多手段获取地壳垂直形变综合观测信息提供观测设施条件保障。这也是《地震水准测量规范》编制的根本目的。《地震水准测量规范》继承了《地震地形变数字水准测量技术规范》的标准号（DB/T 5），在内容上广泛吸纳了实验和科研成果，引进先进设计思想和观测方法，整合有关规范的条款，经过综合增补、修改和完善，不断丰富条款内容形成《地震水准测量规范》稿件。编制《地震水准测量规范》的目的是为了能够对地震水准测量工作起到具体指导作用，以利于成果的应用和推广。在吸收新观测技术成果的基础上，作为代替DB/T 5—2003《地震地形变数字水准测量技术规范》的《地震水准测量规范》必将成为地壳形变学科建设和发展的技术保障，成为新一代地震水准测量（区域水准测量、跨断层水准测量和台站水准测量）设施建设、作业过程和成果产出的技术标准。

1.1.2 任务来源

根据2008年9月22日中国地震局下发的《关于申报2009年地震行业科研专项项目的通知》（中震函［2008］325号）文件精神，中国地震局第一监测中心组织申请了《大地形变测量（水准测量）编制》项目。2009年7月21日中国地震局人事教育和科技司来函《关于填报2009年地震行业科研专项实施方案的紧急通知》（中震函［2009］34号），择优遴选包括“大地形变测量规范（水准测量）编制”项目在内的58个项目的申报，并于2009年9月获得批准立项。经中国地震局政策法规司《关于下达2010年地震行业标准制修订计划的通知》（中震法发［2010］71号文件）的批准，“大地形变测量规范（水准测量）编制（项目编号：200908028）”项目正式列入2010年地震行业标准制修订立项计划。中国地震局第一监测中心为项目牵头单位，中国地震局第二监测中心为项目技术支持单位，项目组由

16人组成。

1.1.3 主要工作

项目于2009年9月获得批准，项目实施期为2010年1月1日至2012年12月31日。项目组于2010年3月4日召开了项目启动会，一测中心领导和项目组全体成员参加了会议。会议讨论了项目任务书和实施方案，制定了项目管理办法。根据项目目标确定了工作步骤，在明确编制规范的范围和定位的情况下，进行了工作布署和分工。项目组主要做了以下三个方面的工作：

（1）收集资料。为了编制《地震水准测量规范》项目组研究人员参阅了大量的相关技术标准、已发表的论文论著、地震系统有关单位历年的技术补充规定和“九五”以来的流动形变监测项目的实施成果。成为编制《地震水准测量规范》的重要参考资料和依据。

（2）实验研究。在收集、整理和参阅国家标准、行业标准、相关单位历年的技术补充规定和大量研究论文的基础上，项目组有目的地开展了一些实验观测与研究，通过实验和分析研究取得了多项研究成果。主要实验工作有海洋负荷对水准测量的影响、列车振动、夜间水准测量和跨河水准测量实验等，主要研究成果发表在相关科技期刊上，项目资助发表的论文10篇，获得了能够指导地震水准测量作业的研究成果，为编制《地震水准测量规范》提供了重要的实验依据。

（3）标准编制。在收集资料和实验研究的基础上，编制标准的具体章节条款，最终形成《地震水准测量规范》工作组讨论稿，至此完成了做为地震行业科研专项规定的内容。此后在全国地震标准化技术委员会秘书处的指导下，并广泛征求吸纳相关单位和有关专家提出的修改意见，不断修订完善规范内容的具体条款，先后完成规范的征求意见稿、送审讨论稿、送审稿和报批稿，最终完成了《地震水准测量规范》编制工作并达到了发布要求。

1.2 国内外现状

1.2.1 国外现状

新中国成立后大地测量主要是学习和参照苏联的成功经验，可以说我国在水准测量技术的许多方面与苏联是一脉相承的。为了全面细致地了解俄罗斯现有规范的设计要求和技术方法等内容，项目组还特别请翻译公司把俄罗斯联邦大地测量和地图测绘署编制的Ⅰ、Ⅱ、Ⅲ、Ⅳ等水准测量规范原文翻译成了中文，以便于在项目研究中使用。水准测量作为国家高程控制，在一些国家都有相应的规范标准，项目主要收集了美国、加拿大和俄罗斯等国家的水准测量规范。项目经过对几个国家的水准规范对比研究，发现只有俄罗斯与我国的水准测量规范要求比较相近。俄罗斯国家级的水准测量规范中有水准测量在地球动力学试验场（包括：地壳深大断裂局部区域试验场；破坏性地震的可能震中区域试验场、大型民居区域及水电站建设工程区域）的规定和要求，实际上是把区域水准网也纳入到国家水准测量网中一起管理和使用。而美国和加拿大的水准测量规范大体相一致，其规定内容较为灵活，更注重观测的自动化程度和观测结果。国外的这些规范性文件对于标准的制定具有一定的参考作用，但由于国情不尽相同，没有可直接引用或借鉴的内容。

1.2.2　国内现状

《大地形变测量规范（水准测量）》《跨断层测量规范》和《大地形变台站测量规范（短水准测量）》是 30 年前地震系统根据当时技术和实际制定的作业规范。在 GB/T 12897—91《国家一、二等水准测量规范》发布以后，国家地震局科技监测司于 1996 年下发了《区域精密水准测量技术文件汇编》。但随着科学技术的不断进步和发展，水准测量仪器不仅从光学符合气泡式水准仪发展到光学自动安平式水准仪，而且数字水准仪也已经广泛应用于地震水准测量之中。为此，中国地震局发布了 DB/T 5—2003《地震地形变数字水准测量技术规范》，其后又有 GB/T 12897—2006《国家一、二等水准测量规范》发布实施使用。由于观测装备和观测技术的发展远远超过了规范的编制速度，用于地震地壳垂直形变监测的水准测量数字水准仪已经研发上市了三代产品，水准测量、GPS 和重力测量的地壳形变综合观测理念也趋于成熟，因而地壳形变综合观测下的水准测量场地的布设要求有了新的理念和新的要求。

GB/T 12897—2006《国家一、二等水准测量规范》在使用的仪器设备采纳了当时的新技术和方法，但还缺乏针对地震水准测量的直接指导作用。GB/T 12897—2006 主要是为建立国家高精度的高程控制而制定的标准，没有像俄罗斯的水准测量规范一样，不仅涉及一、二、三、四等水准测量，而且具体涉及其他领域的水准测量内容和要求。而我国的国家水准测量规范是为建立国家高程控制网而制定的国家标准，地震系统的地震水准测量是以重复观测获取地壳垂直形变信息，进而为地震预测预报服务为目的制定的行业标准，由于目的不同，体现在规范的内容要求上也不尽相同。与地震水准测量密切相关的 DB/T 40.2—2010《地震台网设计技术要求　地壳形变观测网　第 2 部分：流动形变观测》、DB/T 8.3—2003《地震台站建设规范　地形变台站　第 3 部分：断层形变台站》和 GB/T 19531.3—2004《地震台站观测环境技术要求　第 3 部分：地壳形变观测》这些国标和行标主要是针对地震台网和台站的设计、建设和观测环境等方面制定的技术标准，内容上没有涉及水准观测技术要求。DB/T 5—2003《地震地形变数字水准测量技术规范》只是专门针对数字水准仪制定的地震行业标准。因此《地震水准测量规范》颁布以前各作业单位都会根据各自的实际情况做一些技术上的补充规定，这些技术补充规定为制定《地震水准测量规范》提供了重要的参考和依据。

1.3　编制原则和依据

《地震水准测量规范》的编制原则有以下几个方面：

（1）继承性和先进性。《地震水准测量规范》充分考虑了与国内已有标准规范的结合和继承。融入了先进的科学技术并兼顾地震水准测量技术现状进行了标准化。

如《地震水准测量规范》以 GB/T 12897—2006《国家一、二等水准测量规范》、《大地形变测量规范（水准测量）》、《跨断层测量规范》和《大地形变台站测量规范（短水准测量）》为基础，在设计时优先考虑综合测网、测线（场地）和测点的布设。

（2）实用性和可靠性。不仅考虑形变观测技术领域的新技术和新方法，还注重了标准的条款具有可操作性、实用性、权威性和可靠性。

如《地震水准测量规范》规定的各种仪器检查、检验和检定、校正工作尽可能由检定部门完成，保障了仪器检定的权威性和可靠性，但同时也考虑了可行性，规定了一些经常性检查项目可以自行完成，在地震水准测量作业中便于实施。

（3）一致性。一致性包括引用标准的术语、定义和引用内容能够适用于地震水准测量，使之成为《地震水准测量规范》的内容。

《地震水准测量规范》的编制工作主要依据有以下几个方面：

（1）《地震水准测量规范》的结构方面依据 GB/T 1.1—2000《标准化工作导则　第 1 部分：标准的结构和编写》规则进行编写。

（2）《地震水准测量规范》的法律法规方面依据《中华人民共和国防震减灾法》（中华人民共和国第十一届全国人民代表大会常务委员会第六次会议于 2008 年 12 月 27 日修订通过，自 2009 年 5 月 1 日起施行）、《地震监测管理条例》（中华人民共和国国务院令第 409 号，2004 年 6 月 4 日国务院第 52 次常务会议通过，2004 年 9 月 1 日起施行）。

（3）《地震水准测量规范》内容的继承性方面依据《大地形变测量规范（一、水准测量）》《跨断层测量规范》《大地形变台站测量规范（短水准测量）》《区域精密水准测量技术文件汇编》和 DB/T5—2003《地震地形变数字水准测量技术规范》等规范。规范的观测方法方面与 GB/T 12897—2006《国家一、二等水准测量规范》相一致时直接引用这些条款，同时根据区域水准测量、跨断层水准测量和台站水准测量的特点，规定了相应的条款。既《地震水准测量规范》在 GB/T 12897—2006 的基础上有更为严格的规定。在观测场地设计、建设和观测环境方面引用 DB/T 40.2—2010《地震台网设计技术要求　地壳形变观测网　第 2 部分：流动形变观测》、DB/T 8.3—2003《地震台站建设规范　地形变台站　第 3 部分：断层形变台站》和 GB/T 19531.3—2004《地震台站观测环境技术要求　第 3 部分：地壳形变观测》的规定。《地震水准测量规范》的内容与所有引用的规范不发生矛盾、抵触或冲突，在内容上相互衔接、补充和拓展。

（4）《地震水准测量规范》在内容创新性方面吸纳了先进的观测技术、观测实验和研究成果，提练成为标准语言，写入具体的条款中。

1.4　项目研究

1.4.1　收集资料

在 2010 年期间收集并参阅了大量的相关技术标准、已发表的论文论著和地震系统有关单位历年的技术补充规定，收集了“八五”以来形变学科工程项目的新科技资料，整理归纳了该期间的水准测量新技术应用情况，作为编制规范的重要参考。

收集的国外规范类的资料有美国的水准测量规范、加拿大的水准测量规范和俄罗斯的水准测量规范，国内的水准测量规范类资料有自建国以来的各个时期国标规范版本：《大地测量法式（草案）》、《国家一、二等水准测量规范》（1974 年）、GB/T 12897—91《国家一、二等水准测量规范》和 GB/T 12897—2006《国家一、二等水准测量规范》；地震系统各个时期水准测量的行业规范和有关行业规范版本：《大地形变测量规范（一、水准测量）》、《区域精密水准测量技术文件汇编》、《跨断层测量规范》、《大地形变台站测量规范（短水准测量）》、DB/T 5—2003《地震地形变数字水准测量技术规范》、DB/T 40.2—2010《地震台网设计技术要求 地壳形变观测网 第 2 部分：流动形变观测》、DB/T 8.3—2003《地震台站建设规范 地形变台站 第 3 部分：断层形变台站》、GB/T 19531.3—2004《地震台站观测环境技术要求 第 3 部分：地壳形变观测》和《地震重力测量规范》；一些相关行业规范：GB 20026—2007《工程测量规范》和 JGJ 8—2007《建筑变形测量规范》等。这些标准性技术文件为《地震水准测量规范》的编制提供了借鉴和依据，明确了《地震水准测量规范》编制的内容和范围。

收集整理了地震系统各相关单位有关水准测量的技术规定。如一测中心和二测中心历年来对于区域水准测量和跨断层水准测量的（补充）技术规定等。

从网上下载和科技期刊杂志上收集整理的有关水准测量规范编制方面的资料主要有：李恩宝《国家一、二等水准测量规范存在的问题及修改意见》（测绘科学，2009 年 6 期）和肖学年等《国家一、二等水准测量技术标准修订若干技术问题的研究》（工程勘察，2006 年第 6 期 40~44）等数十篇科技论文。

在项目成果的新技术应用方面，不仅注意数字水准仪更新换代快的现状，在地壳形变监测场地建设方面也注意引入“九五”以来的新理念和新方法，把单一的区域水准网改造建设成为综合形变监测网，使水准、GPS 和重力测量能够形成同网共点观测，在《地震水准测量规范》的测网和测线（场地）设计以及水准标石埋设的条款中有具体体现。

1.4.2 实验研究

在收集、整理和参阅国家标准、行业标准、相关单位历年的技术补充规定和大量研究论文报告的基础上，有目的地开展了多项观测实验和研究。主要有海洋潮汐对水准测量的影响实验、列车振动实验、夜间水准测量实验、全站仪和 GPS 跨河水准测量实验等。

其中夜间观测实验采用的是能够满足水准观测亮度条件的 LED 灯照明，实验结果证明了观测的仪器设备、人员、观测场地和观测视距长度等相同的条件下，其夜间的观测速度和观测精度都与白天的水准测量无明显差异，在京津城际铁路施工和运营期间轨道变形监测中也得到了有效验证。从而可以肯定采用 LED 灯照明的情况下夜间水准测量完全可以按照白天水准测量方式进行，不需要另外规定一套观测方式和要求。夜间水准观测实验，不仅解决了繁忙闹市区白天无法进行水准观测的问题，还为地震应急水准测量提供了时间保障。GPS 跨河水准测量实验结果显示既使是在非常平坦的平原地区各水准点之间的高程异常仍然存在（相对于地震水准测量而言）显著的非均匀变化，实验说明 GB/T 12897—2006《国家一、二等水准测量规范》中 GPS 跨河水准测量方法在实际跨河测量中产生了超限问题。因此，在地震水准测量规范中没有推荐使用 GPS 跨河水准测量方法。倾斜螺旋法、经纬仪倾角法和测距三角法所使用的仪器已经落后且很少使用，故《地震水准测量规范》也没有推荐这些跨河水准测量方法。跨河水准测量实验采用了新型仪器——全站仪，把全站仪纳入跨河测量方法中，编制了使用全站仪跨河水准测量的范例。最后在跨河水准测量方法中只推荐采用了跨测观测法、光学测微法和全站仪倾角法三种方法。这三种跨河测量方法在理论上相对可靠，且使用了先进的成熟仪器设备，在操作上更为符合实际情况。

规范编写组在研究地震水准测量的观测方法方面主要以《大地形变测量规范（一、水准测量）》、《区域精密水准测量技术文件汇编》、《跨断层测量规范》、《大地形变台站测量规范（短水准测量）》、DB/T 5—2003《地震地形变数字水准测量技术规范》和GB/T 12897—2006《国家一、二等水准测量规范》等相关规范为依据，并根据区域水准测量、跨断层水准测量和台站水准测量的特点，规定相应的条款。使《地震水准测量规范》的内容不仅与国家标准GB/T 12897—2006相一致，而且在GB/T 12897—2006的基础上有更为严格的规定。例如：把GB/T 12897—2006中同光段观测要求，由按区段统计不超过20%的规定改为按测段统计不超过20%，且明确以测站数计算，在《区域精密水准测量技术文件汇编》有关内容的基础上给出了明确和详细的计算方法和图解算例。把不明确的模糊条款明析化，例如："当多个往返测高差不符值出现同符号积累时，应采取缩短视距等措施"。把"多个"明确为连续"4个"测段。其理论依据是如果某一测段的往返测高差不符值的符号为正（或负）的概率为0.5，则连续4个测段的往返测高差不符值为同一符号的可能性是$0.5^4=0.0625=6.25\%$，是一个小概率事件，其发生的可能性很小，与地震水准测量的限差设置规定要求基本一致。因此，规范中明确规定连续4次往返测高差不符值为同符号以后应当采取措施是恰当的，其依据是科学合理的。由于以前"多个"没有明确数量，在执行的过程中可以对此规定视若罔闻，而增加产生系统误差的可能性。规定了"连续4次往返测高差不符值为同符号…"要求以后，明确了规范条款的具体要求，提高了标准的严谨性和严肃性，也更加符合制定标准化文件的要求，为避免系统误差累积起到具体和明确作用。

1.5 标准编制与发布实施

有了收集资料、实验和研究阶段的成果，编写具体条款就有了内容上的依据和保证，所收集的资料和实验研究成果基本都体现在了《地震水准测量规范》的具体条款中。与DB/T 5—2003《地震地形变数字水准测量技术规范》相比，在内容上的差别有：

（1）增加了光学水准仪的内容；

（2）补充了跨断层水准测量和台站水准测量的内容；

（3）完善了测网和测线设计、勘选及埋设的内容；

（4）完善了成果整理的内容；

（5）完善了数字水准仪部分技术指标的内容；

（6）删除了二等水准测量的内容。

与GB/T 12897—2006《国家一、二等水准测量规范》相比，在内容上主要有以下差别：

（1）由于采用了LED灯照明，使得夜间水准观测与白天一样，从而修改了夜间观测方法和要求，同时也为地震应急观测提供了时间上的保障；

（2）水准仪检定方法及技术要求有所不同，在注重实际的基础上，更多地要求法定计量单位的检定结果；

（3）只明确采用三种跨河水准测量方法，实验结果否定了GPS跨河水准测量方法的可行性；

（4）为控制系统误差积累，明确了“连续4个测段的往返测高差不符值为同一符号时”应采取措施，并制定了相应条款；

（5）明确了同光段计算采用测段重合观测站数的计算方法；

（6）在地震水准网和场地的设计中，引入了能够同网共点观测的综合观测标石，为今后能够开展水准、GPS和重力测量的综合观测提供了基础条件。

规范编制过程中注意了《地震水准测量规范》与其他标准的衔接和引用关系，《地震水准测量规范》经过了以下五个版本的编制和修改过程，对于各方面专家提出的意见和建议都进行了认真细致的修改和解答，并按要求对修改和处理意见进行了登记。

（1）工作组讨论稿。2012年为编写《地震水准测量规范》初稿阶段，在编制规范的具体条款中，主要是依据以上研究成果，并使之条款化。2012年11月项目组将《地震水准测量规范》的工作组讨论稿文本发给中国地震局第一监测中心、中国地震局第二监测中心、中国地震搜救中心等形变测量单位，咨询和征求形变专家及有关技术管理和实施人员的意见。2012年12月，规范编写组召开工作会议，充分考虑了有关专家意见和建议，集中讨论修改标准文本。首先讨论了周硕愚研究员和吴云研究员多次在大地测量与地球动力学期刊上撰文提出的地震大地测量（earthquake geodesy）应当作为专门学科的观点和论述，会议讨论认为虽然这一涉及学科发展的研究成果还没有形成定论，但地震水准测量（earthquake leveling）一词特别能够明确行业的特点，使规范的名称更具有地震行业的归属性。就像工程测量规范是规范工程中的测量一样，《地震水准测量规范》就是为了规范地震水准测量作业。经讨论研究确定了编制的标准采用《地震水准测量规范》（Specification for the earthquake leveling）名称，形成了《地震水准测量规范》（工作组讨论稿）。

（2）征求意见稿。在给中国地震局地震标准化委员会秘书处报送《地震水准测量规范》（工作组讨论稿）稿件以后，地标委秘书处冯义钧研究员进行了认真审阅，并于2013年2月在中国地震局地球物理所与项目组主要成员面对面进行沟通，项目组采纳了地标委专家对《地震水准测量规范》（工作组讨论稿）提出的具体修改意见，并按照GB/T 1.1—2000《标准化工作导则　第1部分：标准的结构和编写》的要求进行了认真的修改。2013年5月中旬，上报了《地震水准测量规范》（征求意见稿）。在经过地标委秘书处冯义钧研究员的进一步审阅后，于2013年11月上旬，项目组主要成员与中国地震局地标委秘书处冯义钧研究员在中国地震局地球物理所又进行了三天讨论研究，冯义钧研究员对《地震水准测量规范》（征求意见稿）的整体结构以及具体条款的表述方法提出了一些建设性意见和具体的修改意见。在上述工作基础上，经过项目编写组的认真讨论研究和修改，正式形成了《地震水准测量规范》（征求意见稿），同时完成了《地震水准测量规范编制说明》草稿的编写。

（3）送审讨论稿。《地震水准测量规范》（征求意见稿）由中国地震局地震标准委员会行文发往有关单位征求意见，共计向44个地震系统的单位、41位全国地震标准化技术委员会委员和11位专家发出征求意见稿，2014年1月7日中国地震局监测预报司组织召集形变学科技术协调组专家对《地震水准测量规范》（征求意见稿）内容进行审议，提出了具体的修改意见。截至2014年2月28日，共收到65份反馈意见，有具体意见的34份，没有意见的31份。去除重复意见、明显错误意见和不明确意见，有效意见136条。依据反馈意见，规范编写组经过认真讨论、分析和研究，采纳和部分采纳的意见共129条，占有效意见的95%；不采纳的意见7条，占有效意见的5%。项目组按照各方面的意见修改了《地震水准测量规范》（征求意见稿），于2014年6月30日形成并上报了《地震水准测量规范》（送审讨论稿）。

（4）送审稿。2014年9月1日，中国地震局地震标准委员会在北京组织召开了《地震地形变数字水准测量技术规范》复审会。会上对DB/T 5—2003《地震地形变数字水准测量技术规范》进行了复审，厘清了《地震水准测量规范》与DB/T 5—2003的关系，指明《地震水准测量规范》是DB/T 5—2003的继承和替代。复审组专家还听取了项目组关于《地震水准测量规范》（送审讨论稿）的送审报告，审查了《地震水准测量规范》（送审讨论稿）、地震水准测量规范编制说明和征求意见汇总表，并提出了修改意见。经过项目编写组的进一步修改完善，于2014年10月中旬形成并上报了《地震水准测量规范》（送审稿）。

（5）报批稿。2014年11月4日，中国地震局政策法规司在北京组织召开了《地震水准测量规范》审查会。审查组专家听取了项目组的《地震水准测量规范》（送审稿）修改情况的汇报，审查了《地震水准测量规范》（送审稿）。经过认真讨论一致认为《地震水准测量规范》（送审稿）提交的材料齐全，文本编写符合GB/T 1.1—2009《标准化工作导则 第1部分：标准的结构和编写》及其他相关标准规定的要求；送审稿与DB/T 5—2003《地震地形变数字水准测量技术规范》相比增加了光学水准仪的内容，增加了跨断层水准测量和台站水准测量的内容，完善了数字水准仪部分技术指标的内容，完善了测网和测线设计、勘选及埋设的内容，补充了成果整理的内容，删除了二等水准测量的相关内容。标准送审稿能达到规范地震水准测量的目的。审查组专家一致同意《地震水准测量规范》标准通过审查，并要求编制工作组根据审查会上专家提出的意见和建议对《地震水准测量规范》文本作进一步修改完善，地震标准化工作委员会秘书处进一步审查后形成报批稿。会后编制工作组对送审稿进行了认真修改完善，于2014年12月15日形成了《地震水准测量规范》（报批稿）并上报。

最终由中国地震局于2015年4月8日发布了中华人民共和国地震行业标准DB/T 5—2015《地震水准测量规范》，并于2015年7月1日实施。

第2章 标准要义

2.1 书封与篇目

《地震水准测量规范》的封面文字不多，给出的主要信息就是标准的名称和性质。其中中华人民共和国地震行业标准指明了技术标准（规范）性质，书名《地震水准测量规范》（Specification for the earthquake leveling）进一步指明标准的专业指向和专业性质，DB/T 5—2015是《地震水准测量规范》的标准编号，我国的标准编号由标准代号+标准发布顺序号+标准发布年代号组成。DB/T 5—2015的“DB”是标准代号，表示《地震水准测量规范》为中华人民共和国地震行业标准，标准代号DB后面的“T”表示标准为推荐性质的标准，以“/”隔开，“T”是推荐的汉语拼音（Tui Jian）第一个字母；“5”是标准发布顺序号，“—”后面“2015”是标准的发布年代，标准发布顺序号和发布年代号以“—”隔开。括号中的“（代替DB/T 5—2003）”指明了DB/T 5—2015《地震水准测量规范》代替DB/T 5—2003《地震地形变数字水准测量技术规范》，并从DB/T 5—2015《地震水准测量规范》实施之日起停止执行DB/T 5—2003《地震地形变数字水准测量技术规范》。《地震水准测量规范》的发布日期为2015-04-08，实施日期为2015-07-01，发布单位是中国地震局。

1994年国家质量技术监督局批准国家地震局申报的《国家地震局标准归口管理范围》，规定中华人民共和国地震行业标准代号为“DB”。1997年3月21日国家技术监督局批准成立全国地震标准化技术委员会，该委员会国内编号为CSBTS/TC 225，以后又更改为SAC/TC 225，SAC/TC 255为全国地震标准化技术委员会的编号，至此地震行业正式步入正规的标准化管理。由此可见虽然20世纪80年代至90年代初发布的《大地形变测量规范（一、水准测量）》《区域精密水准测量技术文件汇编》《跨断层测量规范》和《大地形变台站测量规范（短水准测量）》等旧版本的规范使用较为广泛，影响力也比较大，但它们没有标准号，没有纳入国家标准化的管理范畴。因此《地震水准测量规范》在法理上不能讲代替这些没有纳入标准号管理的规范。

地震水准测量是监视区域地壳垂直形变与断层相对垂直位移（形变）的一种大地测量技术方法，目的是为地震（长、中、短期）预测预报和震后研究提供垂直形变信息，为地震科学和地球动力学研究提供形变监测数据。如果继续使用《地震地形变数字水准测量技术规范》这一名称，它的名称就限定了内容范围，存在前言中提到的DB/T 5—2015与DB/T 5—2003相比，主要的技术变化和引言中提到促成修订DB/T 5—2003的原因问题。如果继续使用《大地形变测量规范（水准测量）》名称，虽然延续性和专业性上不会出现原则性问题，但地震行业的归属性不甚明确。最终采用《地震水准测量规范》这一名称不仅有“地震大地测量”研究成果作为依据，同时也能够使得标准的行业性质和归属性质得以明确。

从《地震水准测量规范》的目录中可以看到主要涉及标准要义（前言、引言、范围、引用文件和定义）、测网和场地布设（设计、勘选、埋设）、仪器设备（仪器设备入选条件和检验）、观测与成果（观测方法和观测精度等要求）和规范性附录等五个方面的技术规定。

2.2 导引

GB/T 1.1—2009《标准化工作导则 第1部分：标准的结构和编写》是对各行各业制定标准的重要标准之一，起到标准制修订工作的技术依据和指导的基础性作用，可以说它是标准的标准。作为《地震水准测量规范》制修订工作的标准，国家标准还包括 GB/T 1《标准化工作导则》、GB/T 20000《标准化工作指南》、GB/T 20001《标准编写规则》、GB/T 20002《标准中特定内容的编写》等标准化的标准，这些标准是制修订标准的标准性文件。正如前言第一句话《地震水准测量规范》按照 GB/T 1.1—2009 给出的规则起草，全部内容的结构和格式均以 GB/T 1.1—2009 的规则起草（编写）。前言部分更是按照 GB/T 1.1—2009 给出的标准结构和编制规则要求编写，从结构格式到内容形式均是按照 GB/T 1.1—2009 给出的规则编写。

做为行业推荐性标准的《地震水准测量规范》文本起草（编写）原则、标准结构、各个要素和条款内容的表述规则以及标准的编排格式均是以 GB/T 1.1—2009《标准化工作导则 第1部分：标准的结构和编写》的要求编写。在编写《地震水准测量规范》的整个过程中 GB/T 1.1—2009 对于内容的有效性、统一性、协调性、适用性、一致性和规范性起到了重要的保证和指导作用，使得《地震水准测量规范》编写的条款格式和质量得到了有效的保障。

由于 DB/T 5—2015《地震水准测量规范》是代替 DB/T 5—2003《地震地形变数字水准测量技术规范》，因此需要给出两个标准相比较的主要技术的变化内容。首先 DB/T 5—2003 是针对当时已经广泛应用的电子水准仪进入地震水准测量的需求下编写的，没有涉及光学水准仪内容，因此《地震水准测量规范》增加了有关光学水准仪的内容。其次是 DB/T 5—2003 只有区域水准测量的观测内容，没有涉及跨断层水准测量和台站水准测量的内容，因此 DB/T 5—2015《地震水准测量规范》对跨断层水准测量和台站水准测量的内容进行了补充编写。同时对 DB/T 5—2003《地震地形变数字水准测量技术规范》测网和测线设计、勘选及埋设和成果整理的内容进行了增补；对数字水准仪部分的一些技术指标内容进行了补充和完善。由于地震水准测量是按照不低于国家一等水准测量技术要求设计的，因此删除了 DB/T 5—2003 中二等水准测量技术要求的内容。DB/T 5—2015《地震水准测量规范》的前言和引言部分指明了标准的起草规则、内容增补、替代原因、标准管理、标准起草单位和起草人。

前言的最后部分注明了标准的提出单位和归口管理单位，指出了 DB/T 5—2015《地震水准测量规范》的提出单位是中国地震局，中国地震局是管理国家地震事业的行政管理部门，在全国具有地震行政管理职能。提出单位明确为中国地震局说明 DB/T 5—2015 在地震行业内具有权威性，能够为标准的宣传贯彻和执行提供行政保证。标准技术管理受全国地震标准化技术委员会（SAC/TC 255）归口管理，具体的编写单位是地震形变学科的主要牵头和管理单位，标准的起草人为从事地震水准测量技术人员和管理人员，起草人署名9人，但实际上作为项目立项时参加项目研究的项目组成员有16人以及为此工作的其他监测和科研人员，与起草人同样为标准的研究和编写做出了重要贡献。

引言部分也是按照GB/T 1.1—2009标准要求的内容编写的，与前言的内容似有重复或重叠，但这是标准编制的固定格式，因此在引言部分还是再次明确指出DB/T 5—2003《地震地形变数字水准测量技术规范》的修订原因，以强调和说明新的DB/T 5—2015《地震水准测量规范》代替原有DB/T 5—2003《地震地形变数字水准测量技术规范》的原因。由于编制DB/T 5—2003时，《大地形变测量规范（一、水准测量）》《区域精密水准测量技术文件汇编》《跨断层测量规范》和《大地形变台站测量规范（短水准测量）》等规范（虽然没有标准号）还在执行和应用中，因此DB/T 5—2003《地震地形变数字水准测量技术规范》只是涉及了新型数字水准仪用于地震水准测量的内容，其标准的名称也很明确，是针对地震地形变观测使用数字水准仪的技术规范。DB/T 5—2015《地震水准测量规范》是按照标准归口要求使用（代替）《地震地形变数字水准测量技术规范》的标准号DB/T 5，而《大地形变测量规范（一、水准测量）》《区域精密水准测量技术文件汇编》《跨断层测量规范》和《大地形变台站测量规范（短水准测量）》是20世纪80至90年代初的产物，没有标准号，故不能讲DB/T 5—2015《地震水准测量规范》代替这些规范文件。因而在前言和引言中无法提及这些规范承前启后的应有作用，使得这些规范真正成了“无名英雄”，在此应当给予正名。DB/T 5—2015《地震水准测量规范》使用了《地震地形变数字水准测量技术规范》的标准号DB/T 5，实际上DB/T 5—2015《地震水准测量规范》还延用了没有纳入标准号管理的《大地形变测量规范（一、水准测量）》《区域精密水准测量技术文件汇编》《跨断层测量规范》和《大地形变台站测量规范（短水准测量）》的许多重要条款。

部分技术指标低于现行国家一等水准测量的规范要求，不能满足地震水准测量的需要是指DB/T 5—2003《地震地形变数字水准测量技术规范》中有二等水准测量的技术规定内容；内容没有涵盖当时地震水准测量的全部观测方法是指DB/T 5—2003中没有光学水准仪观测技术要求，也没有跨断层水准测量和台站水准测量技术要求的内容，对成果整理的内容和数字水准仪部分技术指标的内容也不尽完善，对地震水准测量测网和场地的设计、勘选及埋设的内容也不够具体。前言与引言部分主要强调了修订原因和完善技术内容事项。

2.3　应用范围

DB/T 5—2015《地震水准测量规范》开篇就指明了适用范围是地震水准测量，其他精密水准测量可参照使用，以此说明该标准是地震水准测量监测工作应当遵照执行的技术标准。地震水准测量是按照不低于国家一等水准测量作业方法和精度要求进行设计的，形成了地震水准测量点（台站水准）—线（跨断层水准和跨断层综合观测）—面（区域水准）相结合的地壳垂直形变监测工作内容、技术思路、技术途径和技术方法，经过60多年的监测工作实践已趋于成熟。DB/T 5—2015规定了地震水准测量测网和场地设计与布设的技术要求，规定了水准测网和场地的勘选技术要求，规定了地震水准标石规格，规定了水准点勘选和标石埋设的技术要求，规定了地震水准观测使用仪器的技术要求，规定了地震水准测量的观测方法、观测程序、计算内容、观测成果整理格式和资料归档的技术要求。规定的地震水准测量条款能够满足对活动断层和区域地壳垂直形变不同时空尺度监测的技术要求，同时也能够满足地面沉降、水库大坝和建（构）筑物垂直形变监测的技术要求。例如，河北省、北京市、天津市、西安市和长江三角洲地区的地面沉降监测所使用的测量方法就是地震水准测量的技术方法；三峡大坝、金沙江各梯级水库的蓄水前后区域地壳垂直形变监测，国内各地的高（地）铁基础与轨道变形监测，大型厂矿、建筑物、构筑物、工业设备（如炼铁炉与天车轨道）的变形监测等等，也是使用地震水准测量的技术方法。既地震水准测量规范所制定的技术标准对于大型建（构）筑物的垂直形变监测具有参照使用价值。因此，DB/T 5—2015 不仅能够作为地震水准测量技术工作的标准，同时也能够作为其他精密水准测量技术工作标准。比如中国地震局第一监测中心在制定天津市控制地面沉降监测的精密水准测量和京津高铁基础与轨道变形监测的技术依据时，主要以 DB/T 5—2015 作为观测作业的依据。由于 DB/T 5—2015《地震水准测量规范》高于 GB/T 12897—2006《国家一、二等水准测量规范》技术要求，建设（甲方）单位认可使用技术标准相对较严的 DB/T 5—2015 做为精密水准测量作业的技术依据。

2.4 规范引用

按照标准的引用规定，凡是引用了其他标准条款，则需要在 DB/T 5—2015《地震水准测量规范》第 2 章节规范性引用文件中列出引用标准的名称和标准号。凡是没有列出年份的规范，则采用最新发布的规范内容。例如对于 GB/T 12897—2006《国家一、二等水准测量规范》而言无论是否有新版本的规范出现，则都是应当执行规定版本的技术内容；又如 GB/T 10156《水准仪》如果有新的版本则该标准应当执行新的版本规定。既凡是列出了标准的发布年份的，则 DB/T 5—2015《地震水准测量规范》只引用发布年份的标准版本规定的内容。在这里需要特别指出的是 CH/T 2004《测量外业电子记录基本规定》和 CH/T 2006《水准测量电子记录》中的 2004 和 2006 都是标准序号，而不是年份。DB/T 5—2015 中的一些内容与其他标准中的内容有相似或一致的表述，如果所述内容量少，则采取直接表述的方法；而如果表述的内容信息量大，则采用引用的方法。凡是 DB/T 5—2015 条款涉及引用了某个标准的条款内容，则在“规范性引用文件”中一一列出。DB/T 5—2015 共计引用了 13 个标准，因此这些标准的相关条款通过引用成为 DB/T 5—2015 的内容，并成为不可或缺的部分，既在工作中需要同时执行这些标准涉及的相关条款。

2.5 术语与定义

DB/T 5—2015《地震水准测量规范》第 3 章定义中的名词是标准不可或缺的内容，首先 GB/T 12897—2006《国家一、二等水准测量规范》中定义的名词是《地震水准测量规范》的定义术语内容。《地震水准测量规范》只对区域水准测量、跨断层水准测量和台站水准测量三种用于垂直形变监测的地震水准测量以及测线和测网的术语进行了定义。区域水准测量的主要目的是为了掌握“面”上的区域地壳垂直形变（位移）而布设的水准测（线）

网。跨断层水准测量和台站水准测量在空间上是典型的“线”和“点”形式的垂直形变监测，在时空连续性方面能够（相对区域水准测量）以高频率的测量方式获取断层活动的相对垂直形变信息。

测线与 GB/T 12897—2006《国家一、二等水准测量规范》中的水准测量路线内涵相同，DB/T 5—2015《地震水准测量规范》的测网与 GB/T 12897—2006《国家一、二等水准测量规范》中的水准网内涵相同，可以等同使用。

图 2.1 是大华北区域水准测网图，表 2.1 是大华北区域水准测网测线长度和水准点数量统计表。它由五个相对独立的（辽宁、首都圈、晋冀蒙、冀鲁豫和苏鲁皖）区域水准测网相连接构成的，每一个区域水准网由若干条水准测线（路线）组成，见表 2.2。每条测线又由若干个不同长度的测段组成，见表 2.3。大华北区域水准测网的测线总长度为

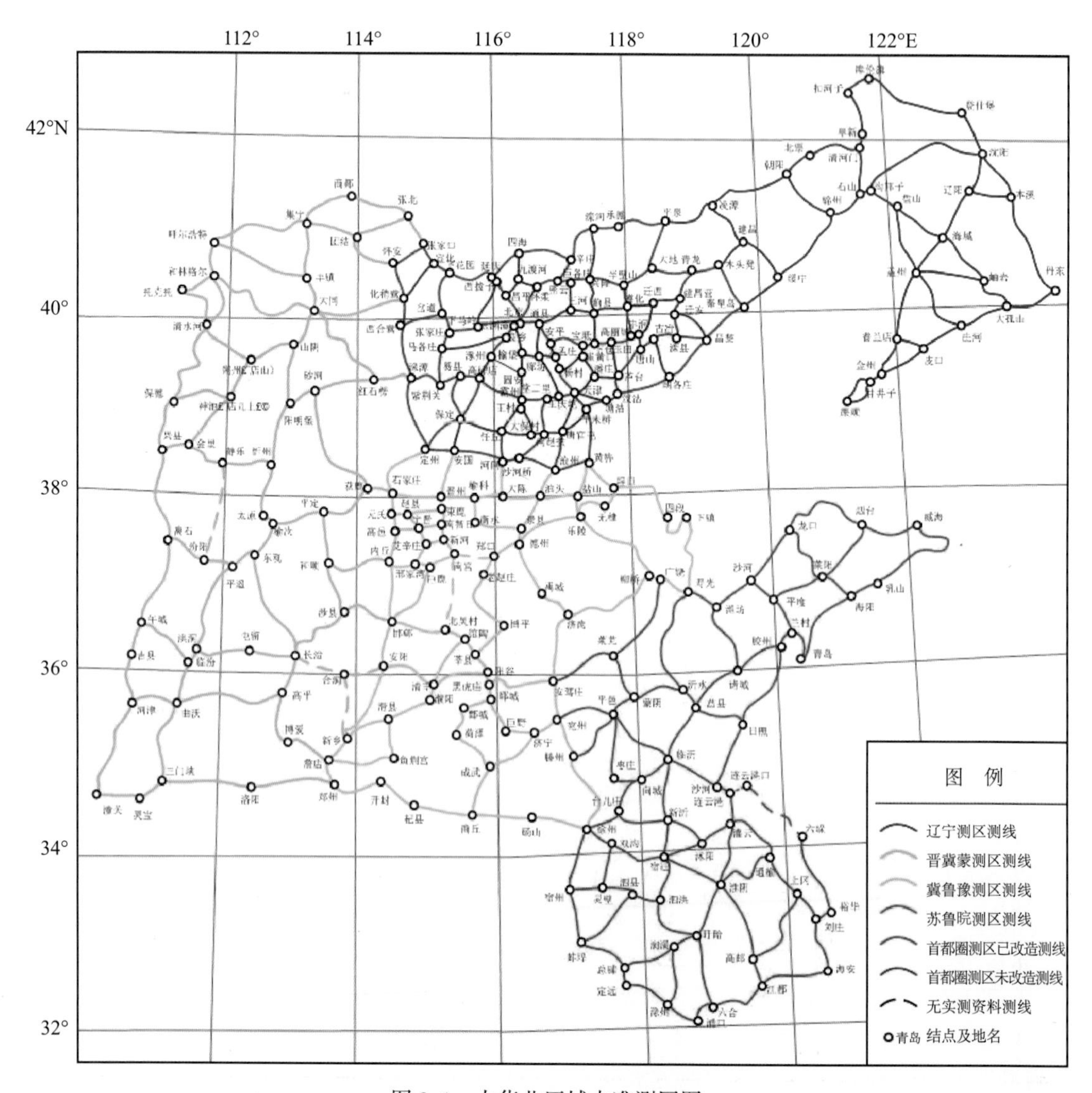

图 2.1　大华北区域水准测网图

29124.1km，水准点个数为 11979，平均 0.41 点/km，既平均 2.43km 有一个水准点。表 2.1 首都圈区域水准网由 128 条水准测线构成，晋冀蒙区域水准网由 59 条水准测线构成等等。表 2.2列出的是构成晋冀蒙区域水准网的 59 条水准测线名称、起止地名和水准点名称。表 2.3 列出了晋冀蒙区域水准网中哈宣线（哈尔滨至宣化）中张北至张家口的张张测线（Ⅰ哈宣 35 基—Ⅰ哈宣 50 基）的 12 个水准点名、标石类型以及 12 个水准点构成的 11 个测段长度。

地震水准点是水准测量最基本的测量设施单元，测站观测高差是地震水准测量最基本的测量单元，按照一定规则连续若干测站观测组成一个测段的观测成果，形成地震水准测量最基本的测量成果单元。或者说两个水准点通过水准测量取得一个水准测段观测高差，测段观测高差成为最基本的水准测量成果。若干测段组成一条水准测线，若干测线形成闭合环或一组闭合环形成测网。既测网由若干水准测线相连构成，水准测线由若干连续的水准测段组成。

表 **2.1**　大华北区域水准测网统计表

序号	测网名	水准测线（条）	总长度（km）	水准点数（座）
1	辽宁	41	3623.6	1584
2	晋冀蒙	59	7202.3	3088
3	冀鲁豫	71	5217.1	2328
4	首都圈	128	6512.8	2338
5	苏鲁皖	79	6568.3	2641
Σ	大华北	378	29124.1	11979

表 **2.2**　晋冀蒙区域水准网测线统计表

序号	测线名	起止点地名	起止点点名	路线长度（km）
1	商集线	商都—集宁	商集 1 基—集团 1 基	81.7
2	商张线	商都—张北	商集 1 基—Ⅰ哈宣 35 基	123.1
3	哈宣线 张张段	张北—张家口	Ⅰ哈宣 35 基—Ⅰ哈宣 50 基	59.8
4	呼集线	呼和浩特—集宁	Ⅰ包京 30 甲—集团 1 基	169.5
5	集团线	集宁—团结	集团 1 基—集团 29	82.0
6	团张线	团结—张北	集团 29—Ⅰ哈宣 35 基	89.4
7	集丰线	集宁—丰镇	集团 1 基—Ⅰ呼大 41 基	99.6
8	团怀线	团结—怀安	集团 29—团化 25 基	79.3

续表

序号	测线名	起止点地名	起止点点名	路线长度（km）
9	呼和线	呼和浩特—和林格尔	Ⅰ包京30甲—呼和18基	53.7
10	呼大线 呼丰段	呼和浩特—丰镇	Ⅰ包京30甲—Ⅰ呼大41基	191.3
11	呼大线 丰大段	丰镇—大同	Ⅰ呼大41基—Ⅰ包京80甲	55.6
12	托和线	托克托—和林格尔	萨托28基—呼和18基	70.5
13	和大线	和林格尔—大同	呼和18基—Ⅰ包京80甲	181.4
14	大宣线 大化段	大同—化稍营	Ⅰ包京80甲—Ⅰ大宣36基	130.2
15	托保线	托克托—保德	萨托28基—兰保45基	310.7
16	和山线	和林格尔—山阴	呼和18基—Ⅰ大榆24	261.5
17	保店线	保德—店儿上	兰保45基—保店28基	120.0
18	店朔线	店儿上—朔州	保店28基—店山16基	60.4
19	大榆线 大山段	大同—山阴	Ⅰ包京80甲—Ⅰ大榆24	83.1
20	大榆线 山阳段	山阴—阳明堡	Ⅰ大榆24—Ⅰ大榆46	75.0
21	大榆线 阳忻段	阳明堡—忻州	Ⅰ大榆46—Ⅰ大榆68-1基	75.8
22	大榆线 忻榆段	忻州—榆次	Ⅰ大榆68-1基—Ⅰ榆石1基	103.6
23	大红线	大同—红石楞	Ⅰ包京80甲—红涞2	209.6
24	阳砂线	阳明堡—砂河	Ⅰ大榆46—阳红22	67.8
25	砂红线	砂河—红石楞	阳红22—红涞2	114.9
26	红涞线	红石楞—涞源	红涞2—涞高1基	27.3
27	保兴线	保德—兴县	兰保45基—头兴70基	120.0
28	店会线	店儿上—会里	保店28基—兴会10基	100.5
29	兴会线	兴县—会里	头兴70基—兴会10基	33.6
30	会静线	会里—静乐	会兴10基—会静21基	78.3
31	静忻线	静乐—忻州	会静21基—Ⅰ大榆68-1基	92.2

续表

序号	测线名	起止点地名	起止点点名	路线长度(km)
32	兴离线	兴县—离石	头兴70基—Ⅰ吴平121基	146.3
33	榆平线 榆东段	榆次—东观	Ⅰ榆石1基—Ⅰ榆平13-1基	50.0
34	榆平线 东遥段	东观—平遥	Ⅰ榆平13-1基—Ⅰ吴平146基	34.7
35	砂石线	砂河—石家庄	阳红23基—Ⅰ榆石52基	310.6
36	榆石线 榆获段	榆次—获鹿	Ⅰ榆石1基—Ⅰ榆石52基	211.1
37	榆石线 获石段	获鹿—石家庄	Ⅰ榆石52基—Ⅰ京郑56甲	22.2
38	绥平线 离汾段	离石—汾阳	Ⅰ吴平121基—Ⅰ吴平138基	81.0
39	绥平线 汾平段	汾阳—平遥	Ⅰ吴平138基—Ⅰ吴平146基	38.4
40	离午线	离石—午城	Ⅰ吴平121基—离午52基	167.1
41	午河线	午城—河津	离午52基—河潼2	172.8
42	午临线	午城—临汾	离午52基—Ⅰ平曲44基	106.9
43	平曲线 平临段	平遥—临汾	Ⅰ吴平146基—Ⅰ平曲44基	183.1
44	平曲线 临曲段	临汾—曲沃	Ⅰ平曲44基—Ⅰ平曲61基	59.0
45	洪屯线	洪洞—屯留	陕大2-87—田东补5	161.4
46	屯长线	屯留—长治	田东补5—田东补4	33.4
47	东长线	东观—长治	Ⅰ榆平13-1基—Ⅰ曲邯53基	183.3
48	平和线	平定—和顺	大石26—阳涉12乙	71.9
49	和涉线	和顺—涉县	阳涉12乙—邯长19	133.7
50	和内线	和顺—内丘	阳涉12乙—Ⅰ京郑78	143.2
51	河曲线	河津—曲沃	河潼2—Ⅰ平曲61基	82.4
52	曲邯线 曲高段	曲沃—高平	Ⅰ平曲61基—Ⅰ曲邯38基	175.6

续表

序号	测线名	起止点地名	起止点点名	路线长度（km）
53	曲邯线 高长段	高平—长治	Ⅰ曲邯38基—Ⅰ曲邯53基	66.4
54	邯长线	邯郸—长治	Ⅰ石郑41—田东补4	185.7
55	河潼线	河津—潼关	河潼2—河潼38基	157.7
56	曲三线	曲沃—三门峡	Ⅰ平曲61基—Ⅰ三郑8基	191.7
57	高詹线	高平—詹店	Ⅰ曲邯38基—詹桑1基	179.1
58	潼三线	潼关—三门峡	河潼38基—Ⅰ三郑8基	147.4
59	三郑线	三门峡—郑州	Ⅰ三郑8基—三郑86基	304.8
Σ	/	/	/	7202.3

表**2.3**　张张测线水准点与测段统计表

晋冀蒙 测网　哈宣线　张张（张北—张家口）测线

序号	水准点名	标石类型	测段长度
01	Ⅰ哈宣35基	基本	8.4
02	Ⅰ哈宣38	普通	8.2
03	Ⅰ哈宣40	普通	4.8
04	Ⅰ哈宣41	普通	4.9
05	Ⅰ哈宣42	普通	5.7
06	Ⅰ哈宣43	普通	5.3
07	Ⅰ哈宣44	普通	3.5
08	Ⅰ哈宣45基	基本	3.7
09	Ⅰ哈宣46	普通	4.3
10	Ⅰ哈宣47基	基本	5.3
11	Ⅰ哈宣49	普通	5.7
12	Ⅰ哈宣50基	基本	
Σ			59.8

第3章 测网和场地布设

3.1 布设要求

DB/T 5—2015《地震水准测量规范》中第4章的4.1~4.4节水准测网和场地布设作了原则性基本规定。2017年4月27日第十二届全国人民代表大会常务委员会第二十七次会议第二次修订的《中华人民共和国测绘法》明确给出了必须使用测绘基准的法律依据，其中第二章　测绘基准和测绘系统的第五条、第九条、第十条和第十一条对使用测绘基准和测绘系统做出了明确的法律规定。“第五条：从事测绘活动，应当使用国家规定的测绘基准和测绘系统，执行国家规定的测绘技术规范和标准。第九条：国家设立和采用全国统一的大地基准、高程基准、深度基准和重力基准，其数据由国务院测绘地理信息主管部门审核，并与国务院其他有关部门、军队测绘部门会商后，报国务院批准。第十条：国家建立全国统一的大地坐标系统、平面坐标系统、高程系统、地心坐标系统和重力测量系统，确定国家大地测量等级和精度以及国家基本比例尺地图的系列和基本精度。具体规范和要求由国务院测绘地理信息主管部门会同国务院其他有关部门、军队测绘部门制定。第十一条：因建设、城市规划和科学研究的需要，国家重大工程项目和国务院确定的大城市确需建立相对独立的平面坐标系统的，由国务院测绘地理信息主管部门批准；其他确需建立相对独立的平面坐标系统的，由省、自治区、直辖市人民政府测绘地理信息主管部门批准。建立相对独立的平面坐标系统，应当与国家坐标系统相联系”。《中华人民共和国测绘法》以法律的形式规定了测绘基准设立和使用的要求，地震水准测量就必须按照法律规定使用测绘基准和测绘系统，必须执行国家法律规定和测绘技术规范标准。地震水准测量属于测绘工作范畴，应当在设立和使用测绘基准和测绘系统时要符合国家法律规定。

我国国家高程系统规定采用的是1985年国家高程系统，高程起算基准点为青岛原点，位于青岛市观象山山顶的建筑物内，原点的高程为72.2××m，它是相对于青岛港验潮站长期观测资料推算出的黄海平均海面为零高程起算面的高程，规定为中国国家高程控制网的起算高程。因此，地震水准测量的高程系统也必须按照法律法规的规定采用1985年国家高程基准，但考虑到地震水准测量的目的和特点，特别是跨断层水准测量和台站水准测量需要的主要是高差（相对高程）和高差之差数据资料，而且可能受到场地的限制不易连测至已知高程点，因此DB/T 5—2015《地震水准测量规范》规定在“特殊情况下也可采用独立高程基准，但应在地震水准测量成果表中注明高程基准的相关情况”。这一规定能够满足地震水准测量实际需求，同时也满足现行法律法规的规定，既满足设立和使用独立坐标系统的法律条款。

地震水准测量的测网和场地技术设计和观测环境技术要求方面的规定可以参考DB/T 40.2—2010《地震台网设计技术要求　地壳形变观测网　第2部分：流动形变观测》、DB/T 8.3—2003《地震台站建设规范　地形变台站　第3部分：断层形变台站》和GB/T 19531.3—2004《地震台站观测环境技术要求　第3部分：地形变观测》三个标准的相关内容。DB/T 40.2—2010中6.1~6.3节规定了区域水准的测网布设要求。对于水准网的结构、分级、功能和技术要求都做了详细规定。例如DB/T 40.2—2010中6.2节给出了“6.2.1　一级精密水准观测网具备提供全国一级和二级地质构造块体及其边界的地壳垂直运动、垂直位移的功能。6.2.2　二级精密水准观测网应具备下列功能：a）提供主要地质活动构造垂直运动的动态变化信息；b）提供主要地震活动带和地震重点防御区地壳垂直运动的变化信息；c）提供特定地区地壳垂直运动的变化信息”的两条规定。对于一级精密水准网和二级精密水准网的划分方法在DB/T 40.2—2010中是以主要地质活动构造的级别（一级或二级）为依据划分的，重点都是为了监测主要地质活动构造的垂直形变，据此一级区域水准网与二级区域水准网的划分原则上还是具有一致性的。再者目前的地震区域水准网并不能明确区分或划分出一级区域水准网或二级区域水准网的相对独立网形，或者说它们就是重合在一起的水准网，因此可以说一级或二级水准网的区分主要是设计理念上的一种需要。由于一级或是二级水准网的测量方式与测量精度没有任何区别，所以DB/T 5—2015《地震水准测量规范》没有特别强调区分一级或二级水准网概念的划分，在区域水准网的名称中也没有明确区分一级或二级水准观测网，只是以地域命名地震水准网的名称。

DB/T 40.2—2010有关精密水准观测网的主要规定非常明确，除了对水准网的分级做了规定之外，对于地震水准网的功能、观测技术要求的指标和复测周期都作出了明确的规定。例如首都圈区域水准网基本覆盖了区内的主要地震活动构造带（如张家口—渤海地震活动构造带的陆地区域），到目前为止首都圈区域水准网的复测周期基本能够满足1~5年的要求，而且基本上是在一个年度的作业中完成水准测量工作，能够满足本标准的规定。但也有一些区域水准网不能按复测周期要求进行复测，随着时间的推移这种情况有进一步发展的趋势，需要引起注意。跨断层水准测量和台站水准测量的复测周期基本能够得到满足，这主要得益于人员和组织保障。

有关场地及测线布设的基本要求参阅DB/T 40.2—2010中7.3.1和7.3.2条款的内容，收集水准测线以及附近的地震、地质、地形、水文、气象及道路和已有测点等信息是为地震水准网和水准测线设计准备的基础性资料。例如地震水准测量的目的是监测地震活动区域和活动断层的垂直形变，必须要清楚和明确水准监测区域和场地及测线的地震与地质构造情况，因此需要收集这些资料。又比如道路情况对于水准作业的难易影响较大，因此需要考虑水准测线的道路情况，同时地形差别大（测段温度和气压差大），是形成非构造形变的重要原因。甚至在边远地区与困难地区不仅要考虑和考察地震活动性和地质构造等监测专业方面的信息，还要综合考虑和考察水准测量的地形、水文、气象及道路的工作条件和生活条件这些基础性信息。因此收集测线及附近的地震、地质、地形、水文、气象及道路和已有测点等信息还具有更为广泛的含义。既应当收集这些信息，但又不仅限于收集这些信息资料，还要收集测区的特殊与重要的人文地理环境信息，甚至民族习俗，风土人情等，为方便今后的地震水准测量工作做准备。

地震水准测量测网和场地的测线设计阶段要求使用的地形图比例尺不小于 1：100000，绘制地震水准测量测线图的地形图比例尺也不应小于 1：100000。以往的规范对于这一规定要求是地形图比例尺为 1：100000，DB/T 5—2015《地震水准测量规范》改为了“地形图比例尺不小于 1：100000”是基于当时国内大部分地区已经完成了 1：50000 比例尺电子地形图的实际情况给出的改变，同时考虑了偏远地区当时可能还没有 1：50000 比例尺地形图的问题（目前可能已不存在这个问题了），这是综合考虑国内的具体现实情况作出的规定。由于电子地图已经广泛应用，完全能够满足绘制地震水准测线图，因此虽然 DB/T 5—2015 给出了最低要求，在实际工作中应当尽可能使用较大比例尺地形图，特别是跨断层水准测量和台站水准测量场地设立应当尽可能使用更大比例尺地形图和地质图。水准测线图见图 3.1（或 DB/T 5—2015 中图 A.1）。这里需要注意图件 1：100000 及以上比例尺的地形图属于机密图件，公开发表时图件中不能标注经纬度等信息，图 3.1 中涂黑了图号和坐标等标记信息。发布实施的 DB/T 5—2015 中含有这些信息是错误的，应当引起注意，现已改正。推而广之 GB/T 12897—2006 中的青岛原点高程值是否也违反了这个原则，不得而知，但在使用中应当特别引起我们注意。

应当按照水准点的坐标值准确地在比例尺不小于 1：100000 的地形图上绘制水准点，是指按水准标石符号标绘在地图上相应的（平面坐标）位置上。但是要注意人为地移动图中落在道路中间的水准点符号，移动至能够清晰分辨水准点处于道路的实际（左侧或右侧）位置为宜。如图 3.1 中的阳红 5 水准点中心几乎与道路的中心重合，很不容易分辩水准点位于道路哪一侧，需要在绘制水准测线图时人工调整这些水准点的位置，使之能够清晰分辨阳红 5 水准点具体处于道路哪一侧。图中的各类地震水准点符号按 DB/T 5—2015《地震水准测量规范》中表 A.1 和 GB/T 12897—2006 中表 A.2 所列的水准标石符号要求绘制。

这里所指测网和场地技术设计要求、内容和审批程序按 CH/T 1004 的要求执行，其含意为地震水准测量的测网和场地的技术设计应当按照（CH/T 1004）测绘技术设计的要求、内容和审批程序执行，CH/T 1004-2005 版对测绘技术设计的过程重新进行了规定，将测绘技术设计过程划分为策划、设计输入、设计输出、设计评审、验证（必要时）、审批和更改。相比原有版本标准增加了“策划”的内容；将原标准“技术设计的依据”的有关内容，改写成了“设计输入”；将原标准“项目设计书的内容”和“专业设计书的内容”并入到“设计输出”中；将原标准“审批程序”的有关内容改写成了“设计评审”“设计验证”“设计审批”和“设计更改”等等。详细技术设计内容和要求参见（CH/T 1004）测绘技术设计现行文本，在编制技术设计书的内容时要参照 CH/T 1004 规定条款的要求，注重内容齐全，技术设计书的编写格式还是主要考虑建设单位（甲方）提出的要求，要按照建设单位（甲方）的要求编制技术文件，不要受 CH/T 1004 规定格式的限制。例如政府立项的项目设计书与招投标项目的响应文件格式就不尽相同，政府立项的项目首先是项目建议书，初步设计书、设计书、实施方案等步骤，涉及的格式有其特殊性。通过招投标立项的项目是在招投标响应文件下的投标书、技术合同、实施方案等步骤也有其格式的特点。虽然各个渠道立项的名称和格式不尽相同，但主要涉及和涵盖的基本内容基本相同，同时涉及的材料应当齐全和真实有效。各单位的地震水准测量的任务书、实施方案和技术总结等的编写格式也已经形成了一套较为成型和完整的格式，有其自身的特点，在行业内可以继续使用。

阳（阳明堡）—红（红石楞）线地震水准测线图之一

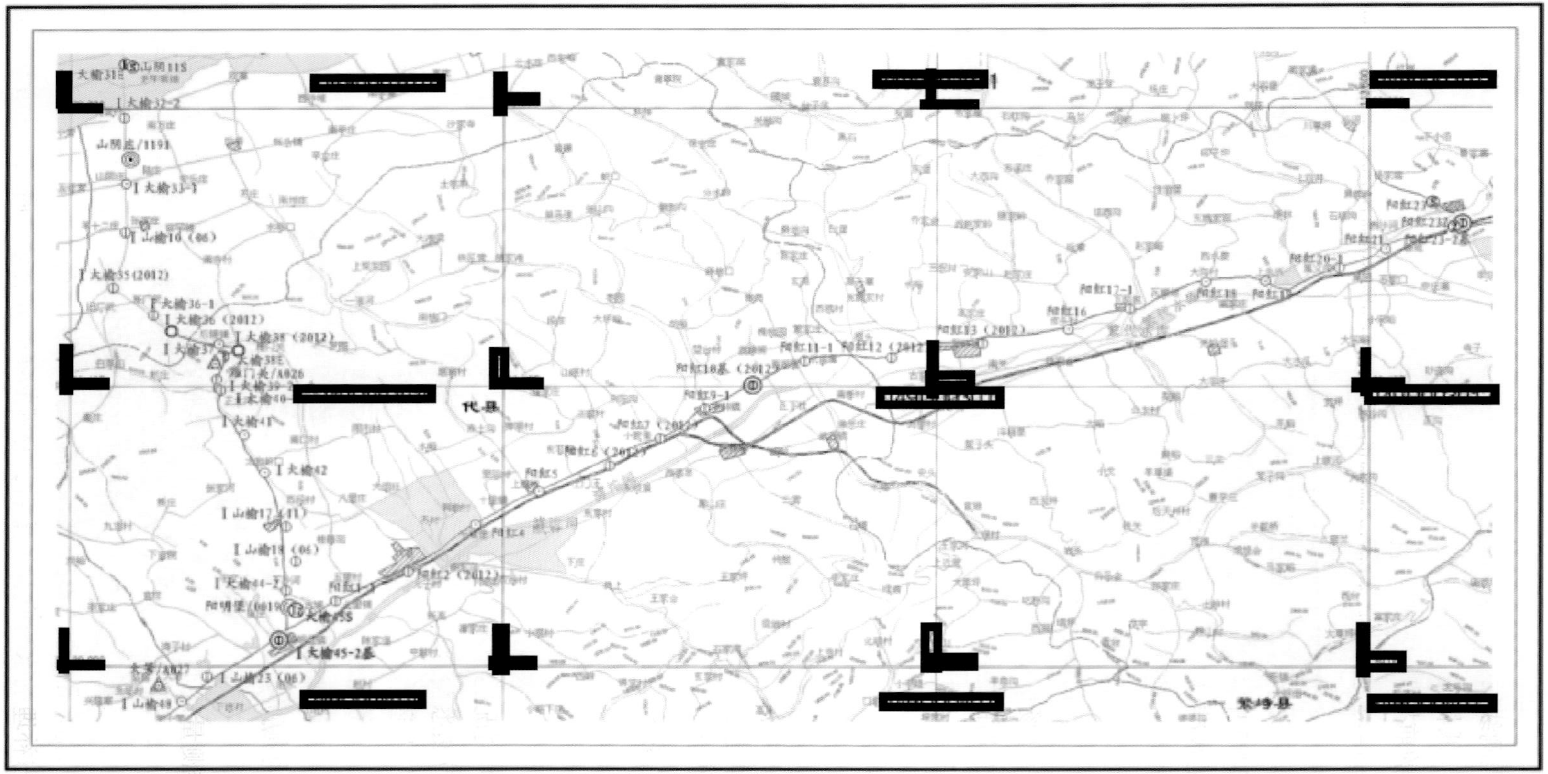

中国地震局第一监测中心　2012.10

比例尺：2 0 2 4 km

图3.1　地震水准测量线图例

DB/T 5—2015《地震水准测量规范》中 4. 2、4. 3 和 4. 4 节分别是对区域水准、跨断层水准和台站水准测线布设的规定，故把这三节内容放在一起。前文已经提及 DB/T 5—2015 规定的条款是最低标准，尽量贴近现实情况。但新设计的测网和场地的测线应当在满足 DB/T 5—2015 的前提下采取更为严格和先进的要求为佳。比如对于西部地区适当放宽要求的几个问题，在西部地区设计和布设测网时尽量按照非西部地区的要求进行，而不是只满足西部地区的最低要求。随着西部建设发展和交通路线的改善，测网设计与布设要求应当有所提高。DB/T 5—2015 对于西部地区的放宽只是在当时条件下的一种（没有办法）妥协。

DB/T 5—2015 中 4. 2. 3 条款的"也可利用 GPS 观测标石或建设综合标石"是一项新提出的规定，它是水准网和水准测线改造提升为地壳形变综合观测的一项基础性工作。为适应今后地壳形变观测发展方向奠定基础，能够在综合观测标石上同时（或分别）进行水准、重力和 GPS 多种地壳形变观测，实现同场地综合观测的目的。

DB/T 5—2015 中的 4. 3. 6 与 4. 4. 3 条款是"宜"和"应"一字之差，这是考虑到跨断层水准测量的一些场地受客观条件制约，不方便、不可能或不允许设立过渡水准点和观测台的实际情况，故使用了立尺点"宜"布设过渡水准点，在有条件的情况下还是推荐布设过渡水准点和观测台，对于提高观测速度和观测质量具有良好的作用。就今后发展而言，区域水准测量有待于实现水准观测自动化来取代"过渡点"和"观测台"。

DB/T 5—2015 中的 4. 2. 7 条款规定布设水准点的位置应尽可能避开断层破碎带。话虽简单，但是执行起来确实需要认真考察地基情况。例如某条跨断层水准测线上的一个基岩水准点实际上是建在了一硕大的石块之上，经实地深入考察认为很可能属于断层破碎带上的大块积石，发现问题以后在离开原水准点约百米重新勘选并埋设了新的水准点。又如在昌平一个小土山上埋设的一个 GPS 区域站点，山顶地表以下 0. 2m 就像是"风化岩石"，向下继续凿岩 0. 2m 后发现下面不是基岩，而仍然是土层，最后按照土层 GPS 站点的规格标准埋设。第一个事例有埋设水准点作业人员失察场地地质问题的粗心大意因素，对于地震水准测量成果应用而言，可能造成的是一种不可挽回的损失。第二个事例说明作业人员对埋设标石工作应有的责任心和认真态度，从而挽回了可能造成的损失，如果不深入凿岩就会造成假基岩点产生。以上两种情况还有对地质情况不甚了解的问题，需要作业人员对执行规范的认真工作态度，收集资料熟悉并全面掌握当地的地质构造情况。从科学考察角度考虑，应当把"地基探伤"手段引入到水准埋石工作中，并对其进行认真细致的研判，以防止上述问题的发生，充分利用科学手段达到从根本上保证选点埋石工作的有效实施。

3. 2　命名与勘选

《地震水准测量规范》中 4. 5 节命名的各条款对区域水准、跨断层水准和台站水准的测网、场地、测线和水准点的命名做了详细的规定，并给出了命名原则、方法和具体的例子。测网、场地、测线、测段和水准点的命名大都是以"宜"予以命名，只有少部分的条款内容是以"应"来命名的。如补埋的水准点命名需要"应"，这是因为要避免区域水准测量已丢失的水准点与补埋的水准点发生重名，补埋的年代号能够为后继使用者和地壳垂直形变分析人员提供水准点补埋的时间节点。如果补埋的水准点没有年代注释，就无法清楚该水准点具体补埋的时间，对地震水准测量后期的垂直形变分析带来困惑。对于利用旧水准点，宜使用原水准点点名。若确需重新命名的，应在新点名后以括号注明该点的原水准点点名需要特别注意，首先能利用的旧水准点一定要利用，其次最好的方法是坚持使用原有水准点的点名，尽量不要重新命名新的点名。这确实是有历史教训的，水准点点名多了以后，使用者为了省事只记载并使用一个点名，为其他人使用造成了困惑并出现了误解，因此最好还是不要给水准点起新名字。这一章节中都有具体的祥细例子做为解释，可以参阅具体条款内容，在此不再进行详解。

DB/T 5—2015 中 5.1 节规定的地震水准点勘选工作是地震水准测量基础工作中重要的工作环节，明确规定了地震水准点勘选的基本要求和现场工作内容。勘选跨活动断层的水准点应当明确与该断层的相对位置（距离），确定勘选的水准点位要避开断层破碎带，要尽可能保证水准测线与断层走向垂直，如果水准测线与断层走向斜交其形成的夹角要大于 30°。勘选水准点时注意选择已有的可资利用的水准点、GPS 点和重力点。水准测线的结点或端点宜选择综合标石的含意是指新选埋的结点或端点首选综合标石，如果已有测线的结点为基本水准标石（非综合标石），在没有新的改造计划和新的项目，则仍然可以利用基本水准标石作为结点，不必一定重新建立综合观测标石。

DB/T 5—2015 中 5.1.5、5.1.6 和 5.1.7 条款分别引用了三个标准的七条规定，在 GB/T 12897—2006《国家一、二等 水准测量规范》5.1.1 选定水准路线、5.1.2 选定水准点位和 5.1.3 选定基岩水准点三个条款规定了水准测线和水准点位的勘选的详细要求。特别是对于基岩水准点的勘选要求更为严格，讲解的更为详细，要求单独编制地质勘察报告，规定了报告的必写内容。《地震水准测量规范》中 5.1.6 条款规定了测线和水准点勘选的观测环境应符合 GB/T 19531.3—2004《地震台站观测环境技术要求　第 3 部分：地形变观测》中 4.4 节跨断层形变观测环境的技术指标，规定了观测环境变化源（包括水文、地质、荷载、振动源、人工电磁源等）影响测段高差的量值和测试方法。DB/T 5—2015 中 5.1.7 条款规定了水准测线的结点或端点宜选择综合标石，周围环境应符合 GB/T 18314《全球定位系统（GPS）测量规范》中 7.2.1 条款关于勘选 GPS 观测墩点位的基本要求。其中针对 GPS 观测环境要求提出的有六条（其中 f 条款不属于观测环境要求内容）技术要求：

a）应便于安置接收设备和操作，视野开阔，视场内障碍物的高度角不宜超过 15°；

b）远离大功率无线电发射源（如电视台、电台、微波站等），其距离不小于 200m；远离高压输电线和微波电信号传输通道，其距离不小于 50m；

c）附近不应有强烈反射卫星信号的物件（如大型建筑物等）；

d）交通方便，并有利于其他测量手段扩展和联测；

e）地面基础稳定，易于标石的长期保存；

f）充分利用符合要求的已有控制点；

g）选站时应尽可能使测站附近的局部环境（地形、地貌、植被等）与周围的大环境保持一致，以减少气象元素的代表性误差。

DB/T 5—2015 中 5.2.1~5.2.4 条款规定的要求已经非常明确和具体，首先根据实地情况设计确定水准标石类型，在点位附近要初选 2~3 处符合埋设要求的点位以供最后选定点位。拍摄照片要能够反映选定点位的地形、地貌和主要栓距物等信息，能够为埋设标石时提供明确实用的勘选资料。只是 5.2.4 条款的"宜使用手持 GPS 接收机测定点位的经纬度和概略高程"中的"宜"就目前情况而言可以改写为"应"。这是编写规范时对于手持 GPS 接收机设备持有情况的一种妥协，目前已不存在缺少手持 GPS 接收机设备的问题了，另外使用手持 GPS 接收机现场直接测定经纬度和概略高程也避免了读取地图坐标而产生的误差或错误，能够确保坐标精度要求。5.2.6 条款中应收集与标石埋设、水准测量等有关的其他信息是指水准点埋设以后水准测量过程中可能遇到的情况。例如水准点埋设在某一单位或某一住户院中，水准测量时需要预先与之联系的情况，就应当进行必要的说明，并在埋设以后的点之记的备注中注明相关情况，说明联系方式（联系人的姓名、职业、职务和电话等），使用测量点位的要求（如是否需要测量证件或是介绍信等）。又如一些重要的基岩基准点是建有标房并加锁，水准测量时需要联系管理者和钥匙持有人开锁的情况等等，这时就不仅需要在勘选报告或技术总结中注明情况，还要在点之记的备注中注明相关情况。这只是"其他信息"的一些个案例子。只要是有利于今后的埋石和水准测量工作方面的信息，都应收集并给予注明。图 3.2 是天津市地面沉降补埋水准点的勘选照片。

(a)

(b)

图 3.2 水准点勘选位置照片

（a）基本点 JC1543 勘选照片：天津市蓟县城关镇吴庄村郭仁义家前院；

（b）墙脚水准点 CH01 勘选照片：天津市西青区天津市测绘院院内地理信息大楼外墙

3.3　勘选成果

DB/T 5—2015《地震水准测量规范》中 5.3 节详细给出了勘选成果整理与归档的条款，新建地震水准网或水准场地的勘选工作都应当在水准点埋设前独立进行，当完成地震水准网或场地的勘选工作后，应按照 DB/T 5—2015 中 5.3 节规定的要求对勘选资料进行整理、编制勘选报告并归档。但是在区域水准测量实际工作中，经常遇到的是每期施测时补埋水准点的工作，这时为了节省时间和节约成本，一般水准点的勘选与埋设工作都是同时进行，在此情况下可不单独提供勘选资料指的是可以按本节规定不单独编制勘选报告，允许在水准点埋设完成之后统一编制勘选与埋设报告。勘选报告按照 CH/T 1001《测绘技术总结编写规定》和 CH/T 1004《测绘技术设计规定》的相关编制要求编写，勘选成果要满足《地震水准测量规范》中 5.3 节规定的内容并进行归档。

3.4　标石类型

GB/T 12897—2006 中 A.5 节规定了水准标志顶部的圆球采用铜或不锈钢材料制作，圆盘和根络等其他部分可以使用普通钢材，如果是钢管标石的水准标志圆盘应当与钢管顶端无缝焊接。地震水准标志规格和材料见图 3.3a（或 DB/T 5—2015《地震水准测量规范》中图 A.2 地震水准标志）。DB/T 5—2015 中附录 A.7 地震水准墙脚标志，“地震水准墙脚标志规格与墙脚水准标志相同”应改为“地震水准墙脚标志规格与GB/T 12897—2006 中 A.6 墙脚水准标志相同”，但标志正面应标注“地震水准点”和“请勿碰动”。DB/T 5　2015 中图 A.3 地震水准墙脚标志图的三个直径中的中间的 40 应改为 30。

水准墙脚标石在埋设以前称之为水准墙脚标志，是水准标志的一种规格，在埋设到墙壁以后称之为水准墙脚标石，是过渡水准点当中的一个类型。DB/T 5—2015《地震水准测量规范》中表 1 水准标石类型及适用范围规定水准墙脚标石只是做为过渡水准点在跨断层水准测量和台站水准测量中使用。在理论和实测中都发现软土地基上新建构筑物会引起地表的附加载荷，从而引起附加的地面沉降。越是大型建筑物其沉降量也会越大且沉降的时间也越长。地震水准墙脚标石依附于这样的建筑物体上也同样会随之作沉降运动，附加了建筑物本身沉降量信息。有研究显示高层建筑物建成后这种相对于地面的沉降持续时间不会少于 15 年的时间。这就类似浮在水面上的船，船的载荷越重船体入水会越深。这个附加的影响对于垂直形变分析研究显然是一种不利的干扰因素，不仅要考虑地面沉降干扰，还要考虑建筑物载荷引起的附加沉降干扰。据此研究结果在软土（地面沉降）地区还是应当尽量避免埋设和使用地震水准墙脚标志，这也是 DB/T 5—2015 规定地震水准墙脚标志只适用于做为过渡水准点的原因之一。当然 DB/T 5—2015 引入地震水准墙脚标志也有 DB/T 8.3—2003《地震台站建设规范　地形变台站　第 3 部分：断层形变台站》推荐了这一水准标志的原因。地震水准墙脚标志（可用于土层综合点的水准标志）与其他地震水准标志相比，地震水准墙脚标志和土层综合点的水准标志的埋设是侧向安置在建（构）筑物和墩体上的方式，不同于水准标志是安置在标石的顶面，既水准墙脚标志的规格、制作材料和埋设方式方法与水准标志规格、制作材料和埋设标石的方式方法不尽相同。水准墙脚标志规格和材料见图 3. 3b（或 DB/T 5—2015《地震水准测量规范》中图 A. 3 地震水准墙脚标志）。地震水准墙脚标石是否能够真正方便使用还需要经过实际应用的检验，需要通过跨断层水准测量和台站水准测量的实际使用鉴别使用效果，希望地震水准测量监测工作者在实际使用中验证其应用情况并提出建设性意见。

土层综合标石的下（暗）标志使用的是水准墙脚标志，除了使用 DB/T 5—2015《地震水准测量规范》图 A. 3 所示的地震水准墙脚标志外，在实际操作中也可以采用 GPS 观测墩建站的水准标志，如图 3. 3c 所示的综合标石的下（暗）标志，DB/T 5—2015 没有具体给出这种类型的水准标志。

综合标石是 GPS、水准和重力测量共用的综合观测站点，作为上标志的强制归心盘是供 GPS 观测使用的，综合标石的上标志采用强制归心盘，并采用不锈钢材料制作。DB/T 5—2015《地震水准测量规范》给出的综合标志与 GB/T 18314《全球定位系统（GPS）测量规范》给出的 GPS 天线墩强制对中标志的材料、规格及制作要求略有不同，名称上也有所差别，但没有原则性的差异，在争得主管部门的同意后均可以使用。推荐的 GPS 强制归心标志见 DB/T 5—2015 中图 A. 4 GPS 强制归心标志（或图 3. 3d）。

GB/T 12897—2006 中图 A. 7 对于道路水准标志推荐采用黄褐色的 PVC 材料制作，主要是为了适应水网地区（当然在允许的情况下也可以使用基岩或土层过渡水准标石）。道路水准标志规格和材料见图 3. 3e（或参阅 GB/T 12897—2006《国家一、二等水准测量规范》中图 A. 7）。

图 3. 3 作为地震水准测量的五种标志中有四种适用于水准测量的标志，另一种（图 3. 3c）适用于土层综合标石的（暗）标志。其中图 3. 3a 给出的水准标志是地震水准测量最为常用的标志，适用范围广，是首选的水准标志，一般而言在图 3. 3a 所示的水准标志使用受限时才采用其他类型的水准标志。

DB/T 5—2015《地震水准测量规范》6. 2 节明确把地震水准标石类型划分为基岩水准标石、综合点、基本水准标石、普通水准标石和过渡水准标石五大类，各类水准标石分别还有若干不同型号的差别，并对其适用于不同埋设条件和使用范围给出了说明。

做为安置观测仪器的观测台理应不属于任何水准标石类型，但作为地震水准测量的设施埋设不宜单独列为一节，故归类于 DB/T 5—2015《地震水准测量规范》中表 1，以求简化分类，当属合适。

深层基岩水准标石和浅层基岩水准标石的分类只是对于基岩埋深的一种划分，没有特别的意义。地震水准测量选用和埋设水准标石强调首选基岩标石类型。随着综合观测的发展，地震水准测量的测网和场地的水准标石设计必然趋于综合化，为适应综合观测发展趋势而增加和引入的综合标石不仅可以进行水准测量观测作业，还能够进行 GPS 观测和重力观测作业。对于综合观测点也强调综合点应优先选用基岩综合标石，覆盖层厚的地区可选择土层综合标石这一要求。

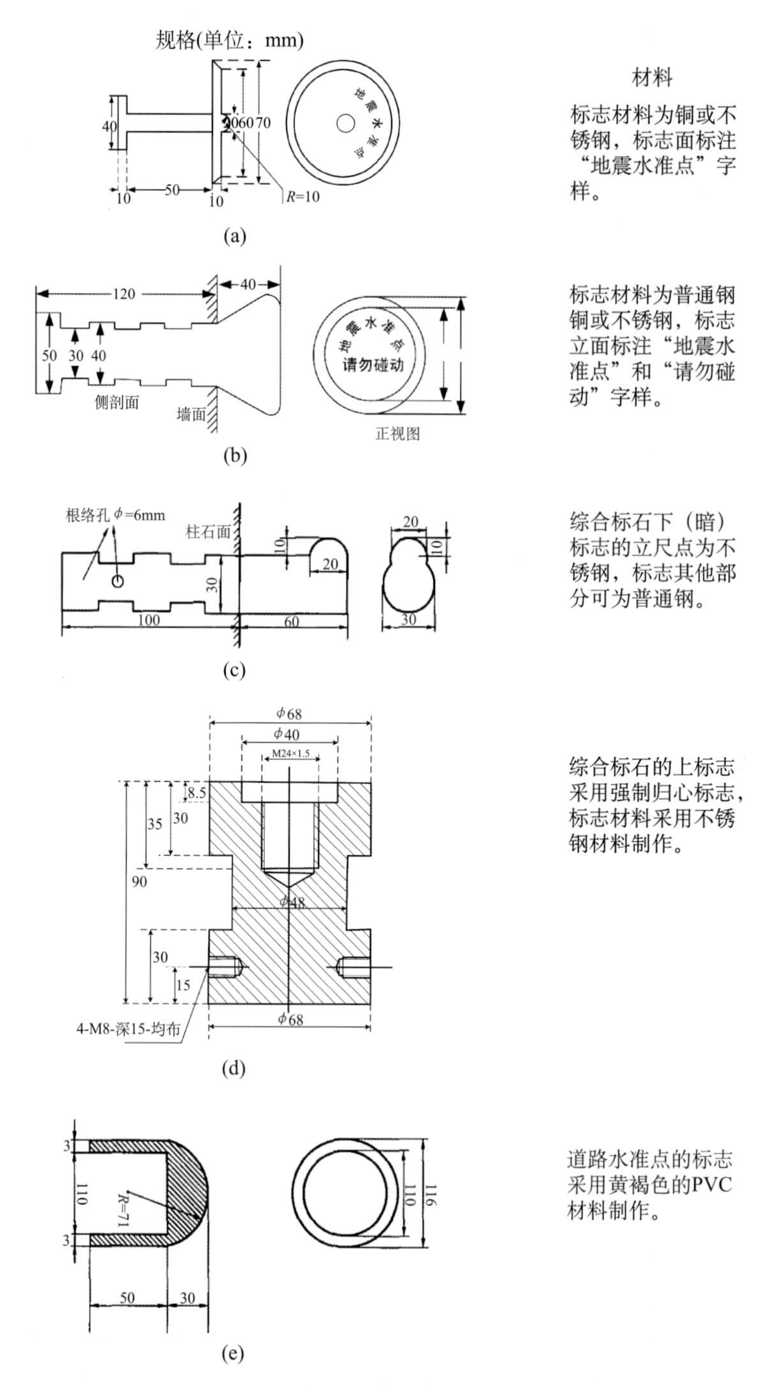

图 3.3　水准标志图

（a）水准标志；（b）墙脚标志；（c）综合标石下（暗）标志；
（d）GPS 强制归心标志；（e）道路水准标志

3.5　标石制作与埋设

DB/T 5—2015《地震水准测量规范》中6.3~6.10节给出了标石制作、埋设与外部整饰要求的具体操作过程和详细步骤，对各类标石基坑和钢筋骨架的制作方法和工艺过程都进行了详解和注释。可用钢纤维替代钢筋配成钢纤维混凝土进行建造与标石埋设，现场对关键工序拍摄照片的规定与以往或同类规范相比是新增加的条款内容，给出了钢纤维代替钢筋制作钢纤维混凝土标石制作的操作过程和要求，目的主要为区域水准测量作业中临时补埋水准点携带材料提供方便，不具有普遍使用的意义。还有一个比较特殊的情况是钢筋和钢纤维都具有对电磁场产生干扰的作用，在电磁观测台站及附近建立水准标石时还可能要考虑使用碳纤维做为替代钢筋的实际需求问题，DB/T 5—2015没有给出碳纤维筋代替钢筋骨架的规定。如果在电磁台站或附近布设水准标石，应当考虑符合GB/T 19531.2—2004《地震台站观测环境技术要求　第2部分：电磁观测》中4.1.1和4.2.1条款的相关规定，使用碳纤维筋代替钢筋骨架埋设水准标石。碳纤维树脂复合材料具有良好的物性（比重小于钢的1/4，而抗拉强度是钢筋的8倍，抗拉弹性模量为33000MPa也高于钢筋的指标，最具有的重要物理特性是碳纤维不会对电磁场产生干扰），但必要时使用碳纤维筋代替钢筋（或钢纤维）需要研究和制定具体方案并按照审批程序进行报批。

基坑挖掘要求给出了绝对禁止利用爆破方法开挖基坑，虽然爆破可以简化开挖过程，但是能够引起基岩裂隙。在土层地区使用爆破方法开挖基坑，基底可能产生长期的土层回弹，对于水准测量成果产生不利影响。因此标石基坑开挖不得采取爆破方式，无论是基岩还是土层基坑的开挖都禁止使用爆破方法，DB/T 5—2015《地震水准测量规范》中6.3.2的b）条款特别提示了禁止使用这一开挖基坑的方法。

对于各类地震水准标石其钢筋用料规格、用量、制作混凝土水准标石所用的材料规格、用量及混凝土施工工艺要求都是通过引用GB/T 12897—2006《国家一、二等水准测量规范》的内容来规定的。要按照GB/T 12897—2006中表A.6、表A.5、A.7.1和A.7.4条款规定选购符合要求的材料，按照各种材料（钢筋、水泥、砂、石、水及添加剂等）的配比和施工工艺要求制作混凝土水准标石。由于混凝土掺用添加剂具有明显改善混凝土的某些性质，能够提高混凝土的物性技术指标和经济效益。因此掺用添加剂成为混凝土不可缺少的组分，成为改善混凝土拌合物的和易性和硬化后混凝土物性（包括强度、变形、抗酸碱、水化热、抗渗性和颜色）的重要手段。水准标石使用的混凝土可能用到的添加剂主要有防冻、快凝和抗酸碱盐等性能的添加剂。这里要强调的是建筑材料市场较复杂，选购各种材料时需要认真核对型号、规格和品牌，并向商家索要材料的质量证明文件。

调制混凝土时首先要冲洗干净砂石料，按比例均匀混合材料再加水调制混凝土，安装好模板浇灌水准标石时一定要使用振捣棒逐层（每层混凝土厚度不超过20cm）捣固夯实至表面，安装好水准标志抹平表面并刻字，气温在0℃以上的保养时间应当不少于12小时；0℃以下时须加防冻剂，且保养时间也应当延长，保养时间应不少于24小时。

区域水准的混凝土和钢管普通水准标石可以提前预制，为保障水准标石的预制质量可以委托给有资质的混凝土搅拌站预制水准标石，预制为批量制造普通水准标石提供了保证标石质量的方法，同时也能够达到省时、省力、降低成本和提高效率的目标。钢管水准标志也需要委托给有资质的单位，并检查焊接质量，达到钢管与标志间无缝焊接。其他水准（包括土层和基岩）标石的埋设方式都是现场浇灌埋设，因此浇灌混凝土水准标石的质量成为重点，一般用于标石底部垫层的混凝土强度能够达到C10等级既可，而水准标石和综合观测标石的混凝土强度需要达到C20等级（C20是混凝土强度等级，指混凝土试块保养28天时能够达到20MPa的抗压强度），是水准标石质量的重要指标。在不进行混凝土强度试验的情况下，更要从材料进货、材料混合、搅拌混凝土、浇灌和保养各个环节严格把关，确保水准标石的混凝土强度达到指标。

埋设浇灌水准标石过程中的各阶段应按照要求拍照，现场应对关键工序拍摄照片，照片应能够显示标石制作工艺过程和制作质量。图3.4至图3.6是三组标石埋设过程的照片，图3.4是基岩基本水准点埋设过程的照片；图3.5是土层基本水准点埋设过程的照片；图3.6是综合（GPS）观测点标石埋设过程的照片。按照当前时髦的说法照相是留有施工过程的“痕迹”，因此在满足规定照片数量条件情况下，可以多拍照片，甚至是录像的方法，能够多保留一些施工过程的“痕迹”。实际上目前各类工程建设施工都是采用照像或录像的方法确保施工留有“痕迹”，如建筑工地施工就是采用专用录像设备和专门录像方法摄制施工影像并留存，园林绿化等施工也是采取现场录制施工过程的方法，这是各行各业普遍采用的方法，也应当是今后地震水准测量埋设标石的施工和监理方法。

DB/T 5—2015《地震水准测量规范》中6.4~6.9节对标石埋设的过程做了全面规定，虽然各类水准标石基坑开挖大小和标石规格不尽相同，但标石制作、埋设过程、要求和方法具有基本类似或一致性，同时由于标石埋设条款比较具体和详细，没有特别需要说明和解释的操作步骤和内容，只需要按照规定步骤操作即可。

由图3.4至图3.6的标石埋设照片中可以看到部分施工现场工作情况，应当在现场对钢筋骨架捆绑、混凝土配比、混凝土搅拌、混凝土浇灌过程、标石基坑回填和标石的外部整饰等关键工序拍摄照片，但不仅仅限于对这些工序拍照。拍摄照片时要有点名牌和显示照片拍摄时间。目前市场上已经有了多种挖坑机械可供选择使用，图3.7是几种能够适用于埋设标石的挖坑机械设备，可直接用于土层水准标石埋设的挖坑作业，可以选择使用先进的施工作业方法。从开挖基坑到埋设标石逐步采用机械化施工是标石埋设的根本方向，也是保障施工作业质量的重要方法。地震水准点之记的绘制和水准点托管书内容填写要齐全，办理要及时。

图3.4至图3.6标石埋设照片中的水准标石与DB/T 5—2015规定的规格和埋设方法不尽一致。但使用新型材料且不低于DB/T 5—2015规定的规格类型，并经过建设方（或者项目发包方）和业务主管部门的批准，可按照项目设计的标石类型埋设。从照片上看，混凝土浇灌工艺上采用了振捣棒逐层振捣夯实，模板采用水泥管或塑料管并能够直接形成保护井（这一方法经过了多个项目使用，反馈的使用效果均较好），能够保证标石埋设质量。

地震水准标石埋设后需要进行外部整饰主要是指区域水准使用的水准标石，整饰水准点的目的是为了有利于寻找和保护水准点。由于台站水准测量是每天进行一次水准观测，跨断层水准测量是每月或每隔数月进行一次水准观测，所以跨断层水准和台站水准的标石埋设和测量以后，水准点的整饰应按照实际需求进行。

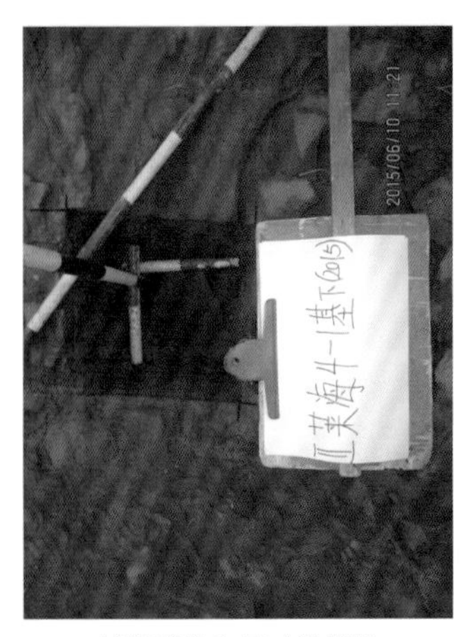

基坑形状和尺寸的照片

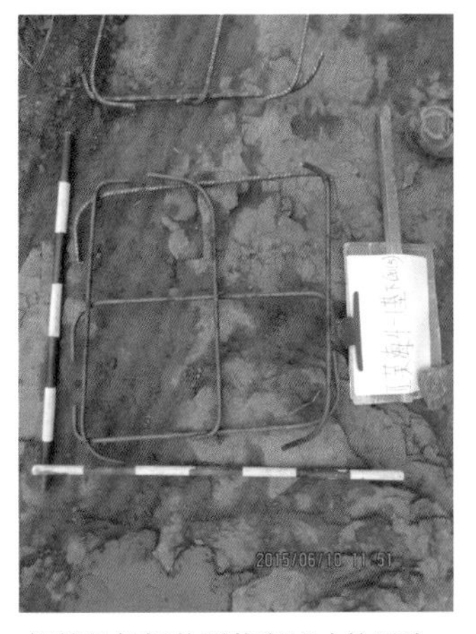

钢筋骨架捆扎形状和尺寸的照片

水准标志安置情况的照片

拆模后墩体、指示盘浇筑质量的近景照片

点位条件、埋设工艺与标石质量的照片

拆模后带指示盘的近（远）景照片

图3.4　岩层基本水准点埋设照片

标石钢筋骨架捆扎形状和尺寸的照片

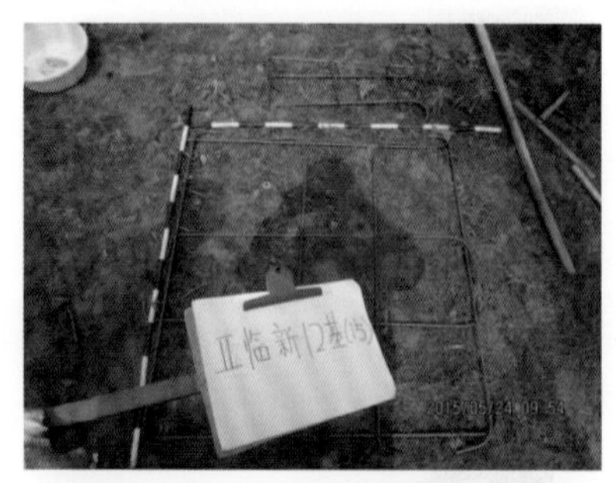

标石钢筋骨架捆扎形状和尺寸的照片

基坑形状和尺寸的照片

带钢筋骨架的照片

浇灌过程中反映标石质量的照片

水准标志安置照片

回填后的水准标石近景照片

整饰后的水准标石远景照片

图 3.5　土层基本水准点埋设照片

基坑形状和尺寸的照片

标石柱体钢筋骨架捆扎形状和尺寸的照片

GPS观测墩柱体浇灌照片

反映墩面和归心盘安置的照片

反映拆模后GPS观测墩的近景照片

反映GPS观测墩的远景照片

图 3.6　综合观测点标石埋设照片

图 3.7　挖坑机械设备

3.6　埋设成果

DB/T 5—2015《地震水准测量规范》中 6.12 节规定了标石埋设资料整理与归档的内容，对于埋石资料和标石埋设工作总结进行了明确和详细规定。在此需要强调点之记的详细位置图绘制与内容填写，点之记详细位置图需要在现场绘制，并要求主要地物应当在图上有所表示，图上与实物比例和位置关系正确。有些单位的水准点点之记的详细位置图要求在点位上实际测绘不小于 1∶500 带有主要地物和栓距的平面图，这是精益求精的认真工作态度，非常值得学习和推广。还应当强调点位图中的各栓距方向夹角不宜小于 30°，栓物宜不少于 3 个物体（尽可能多于 3 个），备注中要注明本水准点与相邻水点的点名和形成的测段距离。

DB/T 5—2015 中 6.13 节规定了标石维护工作内容，对于区域水准测量遇到最多的是每年的踏勘工作和水准标石补埋以及附属设施的修补建造工作，要保证标石及附属设施的完好，对损毁的应进行修补或重新建造，因此点之记的重新绘制工作量大，质量保障显得尤为重要。点之记详细位置图不仅需要现场绘制，而且要求图与实际地物相符和比例一致，并应拍摄相关照片。

第4章 仪器设备

4.1 仪器选型

DB/T 5—2015《地震水准测量规范》中表2地震水准测量允许使用的仪器只推荐了自动安平光学水准仪和自动安平数字水准仪两大类水准观测仪器，数字水准仪相对于光学水准仪具有记录读数客观，没有人工读数的观测误差或错误，能够明显地减轻体力和脑力工作强度，具有实现外业与内业工作一体化功能，能够提高水准测量整体工作的效率和作业质量，近年来在地震水准测量中得到了广泛的应用。数字水准仪相对于光学水准仪的诸多优点，致使光学自动安平水准仪使用逐步减少（当然也有德国蔡司厂停止生产NI002和NI002A型自动安平光学水准仪的原因），到目前为止几乎很少使用。由于GPS高程分量的精度和不确定度都有待提高，使得GPS观测技术还不能完全取代精密水准测量（当然也还有高程系统不同问题）。可以说精密水准测量在可预见的将来仍然是建立国家高程控制网不可替代的手段和方法，也是确定高程异常的重要手段。地震水准测量在布网密度、精度和可靠性等方面（相比GPS观测）具有优势，仍然是地壳垂直形变观测的重要手段。这也是各仪器厂家积极开发生产精密数字水准仪并向研制数字化全自动观测方向发展的市场需求动力，如新一代的索佳SDL1X数字水准仪（精度为±0.20mm）已经实现了自动调焦功能，而且全新超级因钢RAB码水准标尺具有±0.1ppm的超小膨胀系数。如果再能够研制成功自动搜索标尺功能的数字水准仪和标尺自动垂直扶正的装置，地震水准就能够逐步实现自动化观测，可以相信通过一系列的技术进步必将为地震水准测量全自动化数字观测提供技术上的支撑。如已研制成功具有新型实用专利的“专用于精密水准测量的标尺悬挂装置”（专利号：ZL201420835562.3）能够通过机械操作实现标尺竖直扶正和转尺功能，能够免除人工扶尺和布设尺承的体力劳作，具有推动水准自动化观测技术进步的作用，但与实际使用还需要进一步改进和配套设备，图4.1为标尺悬挂装置的照片。

图4.1 标尺悬挂装置照片

目前地震水准测量使用的主要是Trimble（天宝）DINI和Leica（莱卡）LS系列高精度数字水准仪（仪器厂商给出的仪器精度分别为±0.30mm/km和±0.20mm/km），还在使用的光学水准仪是蔡司NI002和NI002A自动安平水准仪系列（仪器厂商给出的仪器精度±0.20mm/km），全部为自动安平式水准仪。原有的光学非自动安平类型的水准仪（如蔡司 Ni004），虽然其精度指标能够满足地震水准测量的要求，但经过几次更新换代早已经不再使用，亦无厂家生产，因此没有把非自动安平水准仪列入地震水准测量所选用的仪器中。而且已经有一些老型号的数字和光学自动安平水准仪（如 DINI11 和 NI007）也早已经不再使用，至少在地震水准测量中已经不再使用，处于不使用或淘汰状态。随着自动安平光学水准仪（蔡司 Ni002 和 Ni002A）的停产，预计不久会完全停止使用光学自动安平水准仪，取而代之的数字水准仪（或称电子水准仪）已成为新一代的地震水准测量主流仪器装备。随着仪器的发展不仅只是目前的数字水准仪，还要发展自动化观测，特别是台站水准测量能够较为容易实现自动化观测。比如目前金州地震台的室内水准观测，若能够对数字水准仪进行适当改造，加装伺服驱动装置，达到自动搜索标尺并照准读数记录，完全可以实现地震水准测量的自动化观测。进一步采用水准仪夜间照明系统还可以实现近乎连续观测的效果，以减少人工密集型和体力劳动的现状，提升地震水准测量作业的效率，达到地震水准测量全自动化观测的目标，甚至能够具备"全天候"连续观测能力。

数字水准仪的自动读数方法在原理上主要有三种，①几何法，代表性的产品为天宝（原为蔡司）公司生产的数字水准仪系列；②相关法，代表性的产品为徕卡公司生产的数字水准仪系列；③相位法，代表性的产品为拓普康公司生产的数字水准仪系列，需要深入了解仪器原理和性能的可以参阅相应的仪器使用说明书和相关教科书。目前地震行业使用的各种类型和型号的水准仪都有相应的仪器使用说明书，具有仪器的原理、参数、操作、数据传输、测量功能和程序等的介绍。能够符合地震水准测量要求的高精度水准仪在 DB/T 5—2015《地震水准测量规范》中表 2 给出，并提出了仪器的最低指标，水准仪的最低指标±0.40mm/km专指仪器厂家给出的精度指标。这主要是由于 DSZ05 和 DS05 系列标准内容不再使用而给出的单指厂家给出的仪器精度指标，这一指标的提出是基于原有的自动安平光学水准仪和自动安平数字水准仪仪器厂家给出的仪器精度指标。DB/T 5—2015 这一精度指标数值比 DSZ05 和 DS05 系列标准和目前仪器的精度指标数值偏大。如 Ni002 系列水准仪的仪器精度指标为±0.20mm/km，DINI12 系列高精度数字水准仪给出的仪器精度指标是±0.30mm/km、LS10 系列和 SDL1X 等高精度数字水准仪给出的仪器精度指标是±0.20mm/km等等。DB/T 5—2015 给出的±0.40mm/km 仪器指标似乎显得略大，是否有可能使某些仪器达到 DB/T 5—2015 给出的仪器指标要求而进入的不能满足地震水准测量的水准仪器还不得而知。实际上涉及地震水准测量仪器的基本参数主要依据是GB/T 10156—2009《水准仪》系列的基本参数中"高精密"相关条款，因此规定地震水准测量使用的仪器应满足 GB/T 10156—2009 中高精密（适用于国家一等水准测量及地震水准测量）的基本参数指标似乎更为恰当。但如果引用 GB/T 10156—2009 中高精密（适用于国家一等水准测量及地震水准测量）的基本参数指标时应当注意 GB/T 10156—2009 中的高精密（1km 往返水准测量标准偏差）是 0.2~0.5mm，与地震水准测量（或国家一等水准测量）的每千米往返高差中数偶然中误差±0.45mm 的数值和表述不一致问题，1km 往返水准测量标准偏差 0.2~0.5mm 的表述是一个区间的概念，不是最低精度指标，而每千米往返高差中数偶然中误差±0.45mm是最低精度指标。

按照现行的有关标准规定，水准标尺也应当不再放在水准仪的括号中，而应当单列出来，其依据是因为GB/T 10156—1997《水准仪》就已经不再包括水准标尺的内容，而且已经制定了ZB N31 001《大地测量仪器　水准标尺》专业标准，1999年改版的标准号为JB/T 9315—1999《大地测量仪器　水准标尺》。作者同时也认为这些都属于表述类的问题，对于使用者不应当成为大问题，作为仪器的使用者主要考虑的是水准仪的实际测量成果和精度。但作为一个问题还希望广大地震水准测量工作者讨论和研究，待DB/T 5—2015《地震水准测量规范》修订时对这些问题指标给予纠正，当然也包括已经存在的不合适宜的其他指标的修订。

全站仪在地震水准测量中的主要应用是在区域水准测量中用于（100m以上至3500m以内的）跨河水准测量。DB/T 5—2015没有推荐使用其他跨河水准测量的仪器和方法（如经纬仪测量和GPS跨河水准测量方法等），主要考虑的是经纬仪跨河测量方法涉及的经纬仪仪器类型较老，而实验给出的GPS跨河水准测量结果超限，既在一条直线上几个水准测段的高程异常存在非线性（突变）变化的问题，不能满足地震水准测量跨河的精度要求，故也没有推荐GPS跨河水准测量。目前全站仪的最新标准版本是GB/T 27663—2011《全站仪》，应当按照这个标准版本的规定选用仪器和检验。

把温度记录仪放在DB/T 5—2015中表2是考虑到区域水准测量、跨断层水准测量和台站水准测量都需要记录温度这一物理量，但在地震水准测量中温度记录仪归类应当属于辅助观测类仪器设备，在台站水准测量中至少除温度记录仪（含地温和气温）以外，还有气压计、雨水计（降水量筒）和地下水位记录仪等作为辅助观测的仪器，因此可以考虑把辅助观测仪器设备单独归类于一个表格中。

静力水准测量是利用液体表面总是重力相等（平衡）的原理，目前市场上静力水准仪产品繁多，光纤光栅静力水准仪是近年发展起来的新产品，具有反应迅速，灵敏度高，重复性好，独特的温度自补偿功能，能够消弱昼夜温差对传感器准确度的影响，从而使静力水准仪在观测精度和全天候自动化观测等方面均优于精密水准仪，在固定场地上布设静力水准仪应当具有相对优势。已有的（李七庄基岩标静力水准测量与水准测量）对比观测实验结果说明静力水准仪的重复观测精度高于精密水准仪，利用每10分钟1次的观测值的差分计算观测精度能够达到±0.0005mm，利用每天的平均观测值差分计算观测精度能够达到±0.05mm，利用精密水准仪由往返水准测量高差不符值计算得到的高差中数观测精度±0.17mm，静力水准仪能够为固定场地的水准测量提供一种可行的备选方案，实际上静力水准测量方法在高速铁路轨道垂直形变监测已经得到应用。

4.2 仪器检验

DB/T 5—2015《地震水准测量规范》中7.2节仪器检定与检校和7.3节仪器技术指标的主要内容仍然是以表格形式给出的，DB/T 5—2015中表3和表4给出了地震水准测量的仪器检校项目和技术指标。其检定及检校的方法及记录计算方法和格式是按照GB/T 12897—2006附录B的要求执行。地震水准测量仪器技术指标应满足表4规定的要求，否则按超限给出的方法处理。DB/T 5—2015与相关标准有不同之处，如JB/T 9315—1999《大地测量仪器　水准标尺》规定因瓦水准标尺最大弯曲差（矢距）不能超过3mm，而

DB/T 5—2015 规定的因瓦水准标尺最大弯曲差（矢距）不能超过 4mm。还有在 JB/T 9315—1999 中因瓦水准标尺 A、B 型底面平面度检验项目，测定方法上使用千分表测定水准标尺脚座底面的（米字线）平面度，米字线是连续线且能够比较近似地代表全部底面，A、B 型因瓦水准标尺脚座底面平面度限差为 0.02mm，DB/T 5—2015 没有要求做这一项目的检定与检校。

目前仪器检定单位是以 JJG 8—1991《水准标尺检定规程》和 JJG（测绘）2102—2013《因瓦条码水准标尺检定规程》为依据对因瓦水准标尺进行检定，使用的是经纬仪和基础平台设备测定并计算因瓦水准标尺分划面纵轴垂直度，给出的是最大角度作为检定结果。又如 GB/T 10156—2009《水准仪》也同样给出了不同于 DB/T 5—2015 的光学和数字水准仪 i 角误差的检定方法。其他还有很多检验的名称和方法不同的地方，诸如 JB/T 9315《大地测量仪器　水准标尺》称为试验，而 DB/T 5—2015 为检定和检校，DB/T 5—2015 与 GB/T 12897—2006《国家一、二等水准测量规范》的仪器检验规定也有不完全一致的项目，需要特别注意。DB/T 5—2015 含盖了水准仪的所有检定和检校的测定方法的规定，应当首先依据 DB/T 5—2015 给出的仪器检定和检校的测定方法，如应按照 DB/T 5—2015 给出的水准仪 i 角检校给出的测定方法进行测试检校，只要是按照更为严格的检验方法得到高于 DB/T 5—2015 规定的检验限差结果是允许的。

地震水准测量辅助仪器的检定和检校基本上都是需要有资质的检定机构进行检验，有资质的检定机构具有专业设备和相应的技术能力，出具的检定结果更具有权威性和法律效力性，出自第三方的检验结果更具可信性和可靠性。因此，对于水准仪器和标尺而言，水准仪器和标尺的检定和检校更应当交由具有资质的检定机构来完成检验工作。作业单位和作业人员只需要对仪器和标尺的日常维护和必要检验既可，比如日常的仪器和标尺气泡、i 角和 $2C$ 值的检定和检校等。测前和测后的仪器和标尺检定和检校工作交由有资质的检定机构去做，目前的标尺尺长检定结果均使用检定机构给出的检定结果，同时检定机构也给出了一些标尺的其他检验项目的检定结果，如检定机构给出的因瓦水准标尺中轴线与标尺底面垂直性检定结果（只给出了最大值），见图 4.2 中该项检定结果。由于对此问题有不同看法，一些专家按传统观念认为作业组应当自行检查仪器设备，作业组通过自行检定和检校仪器设备，做到对自己使用的仪器设备工作状态心中有数，且这一规定是传统检定作法。也有专家认为检定和检校仪器设备应由有资质的检定机构完成，正如辅助观测仪器设备的检定都要求有资质的检定机构出具结果，作为主要观测仪器的水准仪和标尺的检定也应当由有资质的检定机构出具检定结果，更何况专业机构给出的检定结果具有精度高和可靠性强等优点，以往的有关规定是基于专业检定机构不完善的情况下制定的，正如以前辅助观测仪器设备是通过自行对比检定（既不需要有资质的检定机构进行检定），而现在就必须要有资质的检定机构给出检定结果。DB/T 5—2015《地震水准测量规范》在制定具体条款时最终采纳了传统的自行检定和检校仪器设备的方案并编制相关条款，因此有关仪器检验的规定还有待于进一步深入讨论研究。

仪器检验项目的内容、方法和记录格式在 GB/T 12897—2006《国家一、二等水准测量规范》的附录 B 中有非常明确详解，似没有特别需要讲解的地方。但在实际工作中最容易忽略的可能是每天需要检校的仪器概略水准器和标尺圆水准器是否居中。曾发生过标尺圆水

证书编号：　　18B006　号

中国地震局第一监测中心计量检定站是经天津市质量技术监督局授权的计量检定机构，可开展各种GPS接收机、全站仪、经纬仪、水准仪、水准标尺等计量器具的检定工作。				
检定所使用的标准计量器具				
名称	出厂编号	不确定度/准确度	证书编号	证书有效期至
双频激光干涉仪	us45220144	<2.0μm	CDjx2017-3623	2019年12月12日
检定地点	中国地震局第一监测中心长度实验室			
检定环境条件	温度	21.3℃	相对湿度	28.5%RH

检定结果

项 目 / 尺 号	37760	37762
外观和各部件功能	合 格	合 格
标尺圆水准器安置的正确性	合 格	合 格
分米分划线最大刻划误差	0.021 mm	0.029 mm
分划线刻划标准差	4 μm	5 μm
米间隔长度平均值	1000.014 mm	1000.020 mm
一副尺米间隔长度平均值	1000.017 mm	
一副水准标尺零点差之差	0.03 mm	
标尺分划面弯曲差（矢距）	0.3 mm	0.3 mm
标尺中轴线与底面垂直度	1.6 ′	4.5 ′
注：1、水准标尺温度线膨胀系数1×10^{-6}/℃ ---		
2、检定结果的不确定度U = 5μm (k=2) ---		

以下空白　　---

图 4.2　条码式 3 米铟瓦水准标尺检定结果

准器前后方向偏移（左右方向容易在观测中发现），而导致测段超限，致使产生大量重测事件的情况发生。因此要确实做到按照要求每天检查仪器和标尺气泡准确居中的正确性检验和校正。又如 i 角测定是经常性检验项目，规定地震水准测量开始作业的 7 个工作日应每天进行 1 次 i 角的测定。每天的测定结果需要与前几期的测定结果比较，如果 i 角变化>5″时，理应继续连续测量 i 角至连续 7 天内的 i 角变化≤5″，或者分析具体情况（如 i 角测定值较大时）进行 i 角校正。曾发生过由于没有比对连续 7 天内 i 角变化≤5″问题，没有及时进行 i 角的校正，致使第十天测定 i 角超限时才发现，其结果导致了问题成果的出现。可以说最容易和简单的事情也可能是最容易忽略的事情，也是导致观测成果产生质量问题的根源，因此一定要严格遵守仪器检验要求进行有效的检验和校正仪器，为此有的单位业务部门规定地震水准测量作业期间每天都需要测定 i 角，这一规定确是杜绝 i 角超限造成大量地震水准测量问题成果的有效措施。例如某作业组在 2018 年野外作业期间，开测以后 i 角值不大，最大时为-7.12″且 i 角变化在 2.5″至 7.12″之间（小于 5″），但在 7 月 18 日测定时，i 角突变为-13.81″，当再测定时为-14.15″，之后对 i 角进行了校正。如果不是每天测定 i 角，则不能及时发现 i 角突变问题，极容易造成问题成果出现。作业单位对于每天测定 i 角的规定是根据目前数字水准仪的特性特别给出的，确实起到了保证地震水准测量作业质量和成果可靠性的重要作用。

DB/T 5—2015《地震水准测量规范》没有具体规定水准仪及水准标尺检验手簿的具体格式，但根据地震水准测量各作业单位的水准仪及水准标尺检验手簿的格式内容上看，图 4.3水准仪及水准标尺的检验及其使用情况一栏（页）记载了仪器的基本参数或固定常数的事项，同时记录了作业员对仪器和标尺的检验检定结果是否良好给出结论，但没有水准仪及水准标尺的检验项目结果的具体数据，特别是水准仪及水准标尺检验手簿中没有测前与测后一对水准标尺米间隔长度和变化的一些数据内容。如果增加或修改为类似于表 4.1 水准标尺检验结果和表 4.2 水准仪检验结果一页（栏）或合并成一个表格似更好。表 4.1 和表 4.2 是某作业组使用美国天宝公司生产的 DINI03 型数字水准仪和因瓦条码型水准标尺（水准仪仪器号为№：702822，水准标尺号为№：37760 和 37762）检验的汇总结果，从表 4.1 和表 4.2 中能够直观地看到水准仪及水准标尺检验的具体数据结果，并清楚检定数据结果是否满足限差要求，同时能够显示与要求的仪器检验内容对应情况。

望远镜的放大倍率：32^{x}　　视距乘常数：无

水准器分划值：8′/2mm　　测微器分划值：无

倾斜螺旋分划值：无　　视距加常数：无

仪器检验情况：良好

读数常数：无　　分划间隔：无

标尺检验情况：良好

使用情况

1. 作业区域：首都圈地区跨断层形变监测场地
2. 作业等级：一等
3. 作业数量：24个场地
4. 作业精度：$M_{\Delta}=\pm 0.21mm$

作业员对仪器标尺的鉴定：作业过程中仪器及标尺使用正常。

检视者：

年　月　日

图4.3　水准仪及水准标尺的检验及其使用情况

表 **4.1**　水准标尺检验结果

序号	检　定　项　目	水准标尺检定值 37760 37762		限 差
		测前	测后	
1	水准标尺分划面弯曲差	+0. 2mm +0. 2mm	+0. 2mm +0. 2mm	4. 0mm
2	一对水准标尺零点不等差	0. 03mm 0. 04mm		0. 10 mm
3	水准标尺基辅分划常数偏差	…，…		0. 05mm
4	水准标尺中轴线与标尺底面垂直性	+0. 01，+0. 02，+0. 02，+0. 03 +0. 01，+0. 01，+0. 01，+0. 00		0. 10mm
5	水准标尺名义米长偏差	14μm 20μm	10μm 4μm	100μm
6	一对水准标尺名义米长偏差	17μm	7μm	50μm
7	测前测后一对水准标尺名义米长变化	10μm		30μm
8	水准标尺分划偶然中误差	8μm	7μm	13μm
备注				

表 **4.2**　水准仪检验结果

序号	检　定　项　目	水准仪检定值		限 差
		测前	测后	
1	水准仪测微器全程行差	—		1 格
2	水准仪测微器回程差（任一点）	—		0. 05mm
3	自动安平水准仪补偿误差	−0. 08″		0. 20″
4	水准仪视准观测中误差	±0. 38″		0. 40″
5	水准仪调焦透镜运行误差	—		0. 15mm
6	水准仪 i 角	+0. 72″	−3. 82″	15. 0″
7	双摆位自动安平水准仪摆差（2C 角）	—		40. 0″
8	水准仪测站观测中误差	—		0. 08mm
9	水准仪竖轴误差	—		0. 05 mm
10	自动安平水准仪磁致误差 （60μT 水平稳恒磁场）	—		0. 02″
11	数字水准仪视距测量误差	3. 5±3. 6mm		100±20mm
12	光学水准仪视距乘常数测定中误差（m_K）	—		0. 3K 值
备注	7 月 18 日 i 角为−14. 15″，校正后为−1. 83″，后期 i 角最大值为+10. 34″。 检验项目内容为非大检年度。			

第 5 章　观测与成果

5.1　观测与精度要求

DB/T 5—2015《地震水准测量规范》中 8.1 节通过一句话“除本标准有明确规定外，地震水准测量其他要求按 GB/T 12897—2006 中第 7 章至第 9 章的规定执行”的引用，使地震水准测量规范的条款内容得到极大地扩充，也是 DB/T 5—2015 最重要的组成部分。引用的 GB/T 12897—2006《国家一、二等水准测量规范》第 7 章、第 8 章和第 9 章是指一等水准测量所规定的内容，所有二等水准测量规定的相关内容均不在 DB/T 5—2015 的引用范围。GB/T 12897—2006 使用了三个章节的条款规定水准观测，说明水准观测是标准中最为核心的内容。

区域水准测量的观测手簿记录内容和记载格式及内容与 GB/T 12897—2006 的观测手簿基本相同，根据地震水准测量各自的特点略有不同。如跨断层水准与区域水准观测手簿相比较，不记录太阳方向、道路土质和光段图的内容。跨断层水准观测不记录这些内容是因为固定的场地（测线）和固定的观测光段先后顺序，无需重复记录。台站水准测段记录的格式主要是根据自己台站的特点，地震台站相互之间的手簿会有一些差别。例如唐山地震台水准观测是仪器站固定在仪器墩位置上，观测周围四个立尺点的标尺读数，得到四个测段高差作为观测成果。这就如同北京原点观测记录格式与其他水准测段观测记录格式不同一样，都是根据实际情况编制的观测程式和记录格式。区域水准测量测段观测手簿见图 5.1，跨断层水准测量测段观测手簿见图 5.2，唐山地震台水准观测手簿见图 5.3。

DB/T 5—2015《地震水准测量规范》中 8.1~8.8 节是对引用 GB/T 12897—2006《国家一、二等水准测量规范》第 7 章、第 8 章和第 9 章条款的延拓和补充修订，应当以 DB/T 5—2015 的相关规定为准。如 GB/T12897—2006 中（除基本观测操作规定以外）不可能有断层水准观测和台站水准观测相对应的条款，则在 DB/T 5—2015 这一章节中进行了相应的规定。又如引用 GB/T 12897—2006 中 7.1.3 条款关于“同一测段的往测（或返测）与返测（或往测）应分别在上午与下午进行。在日间气温变化不大的阴天和观测条件较好时，基于里程的往返测可同在上午或下午进行。但这种里程的总站数，一等不应超过该区段总站数的 20%”的规定。这里指的是基本点至基本点之间的区段，而 DB/T 5—2015 规定更为严格，规定一个测段内的同光段重合观测站数不能超过 20%，这一规定要求是对引用的一种修订，对于这一规定不应当再按照 GB/T12897—2006 中 7.1.3 条款的规定执行，而应按照 DB/T 5—2015 有关条款的规定执行。

首往测　仪器类型:DINI12　编号:702822　　标尺号:37760,37762
自:红涞1-2基上　　经度:114.2334　纬度: 39.1740
至:红涞3G　　经度:114.2526　纬度: 39.1736

作业标志	观测日期及时间	测站编号	温　度 ℃	天气云量	成　象	太阳方向	风向风速	道路　土质
GO0	0615150347	1	+27.4℃	云 4~5级	清晰,稳定	无太阳	西北　1级	柏油路　实土
END	0615170240	68	+25.4℃	云 4~5级	清晰,稳定	无太阳	西北　1级	柏油路　实土
N=68 E=8	S=3.62Km B=0		LJJC=-1.17m			dH=-17.83695m		
文件名:G8110031.Z05			观测者:　何亚东			记录者:　何亚东		
备注:								

首返测　仪器类型:DINI12　编号:702822　　标尺号:37760,37762
自:红涞3G　　经度:114.2526　纬度: 39.1736
至:红涞1-2基上　　经度:114.2334　纬度: 39.1740

作业标志	观测日期及时间	测站编号	温　度 ℃	天气云量	成　象	太阳方向	风向风速	道路　土质
BK0	0615071514	1	+19.2℃	晴　0级	清晰,稳定	后	无风　0级	柏油路　实土
END	0615091728	68	+28.4℃	晴　0级	清晰,稳定	右前	无风　0级	柏油路　实土
N=68 E=13	S=3.62Km B=0		LJJC=-0.81m			dH=+17.83813m		
文件名:B8110031.Z05			观测者:　何亚东			记录者:　何亚东		
备注:								

测段小结	观测方式	距离(km)	高　差(m)	闭合差	W(mm)
	往　测	3.62	-17.83695	实测	+1.18
	返　测	3.62	+17.83813	允许	±3.42
	中　数	3.6	-17.83754	实/允	34.5%
光段图	红涞1-2基上　——68——　——68——　红涞3G				

图 5.1　区域水准观测手簿

首往测　仪器类型:DNA03　编号:348758　　　　标尺号:68499,68518

自:BM5F　　　　经度:116.5318　纬度: 40.2516

至:BM2　　　　经度:116.5326　纬度: 40.2509

作业标志	观测日期及时间	测站编号	温　度℃	天气　云量	成　　象	风向　风速
GOO	0106131835	1	-01.2℃	晴　0级	清晰,稳定	北　1级
END	0106134354	10	-01.6℃	晴　0级	清晰,稳定	北　1级

N=10　S=0.43Km　LJJC=+0.63m　dH=+1.71623m

E=0　B=0

文件名:G0011161.ZDC　观测者: 杜石磊　记录者: 杜石磊

备注:

首返测　仪器类型:DNA03　编号:348758　　　　标尺号:68499,68518

自:BM2　　　　经度:116.5326　纬度: 40.2509

至:BM5F　　　　经度:116.5318　纬度: 40.2516

作业标志	观测日期及时间	测站编号	温　度℃	天气　云量	成　　象	风向　风速
BK0	0106134431	1	-01.6℃	晴　0级	清晰,稳定	北　1级
END	0106140946	10	-01.8℃	晴　0级	清晰,稳定	北　1级

N=10　S=0.43Km　LJJC=-0.21m　dH=-1.71614m

E=1　B=0

文件名:B0011161.ZDC　观测者: 杜石磊　记录者: 杜石磊

备注:

测段小结	观测方向	距离(km)	高　差(m)	闭合差	W(mm)
	往　测	0.43	+1.71623	实测	+0.09
	返　测	0.43	-1.71614	允许	±1.31
	中　数	0.43	+1.71618	实/允	6.9%

图 5.2　跨断层水准观测手簿

唐山地震台　　水准观测记录手簿

单位：mm

仪器类型：DINI03　仪器编号：734932　标 尺 号：14091，14210　测 段 数：1　观测日期：2019年2月10日

往测开始：7:57	天　气：	晴，0级	成　像：	清晰，稳定	太阳方向：	右前	风向风速：	无风，0级	温　度：	-07.4℃	中　数
往测结束：8:03		晴，0级		清晰，稳定		左前		无风，0级		-07.4℃	-7.4℃

序号\测段	TS1 至 TS1
1	-328.90
2	+1002.54
3	-297.83
4	-375.90
Σ	-0.09

返测开始：14:01	天　气：	云，4~5级	成　像：	清晰，稳定	太阳方向：	左前	风向风速：	无风，0级	温　度：	+00.2℃	中　数
返测结束：14:08		云，4~5级		清晰，稳定		右前		无风，0级		+00.2℃	+0.2℃

序号\测段	TS1 至 TS1
1′	+328.81
2′	-1002.49
3′	+297.62
4′	+376.05
Σ	-0.01

测站及场地小结

往测	开始	7:57	天　气：	晴，0级	成　像：	清晰，稳定	太阳方向：	右前	风向风速：	无风，0级	温　度：	-07.4℃	中　数
	结束	8:03		晴，0级		清晰，稳定		左前		无风，0级		-07.4℃	
返测	开始	14:01		云，4~5级		清晰，稳定		左前		无风，0级		+00.2℃	-3.6℃
	结束	14:08		云，4~5级		清晰，稳定		右前		无风，0级		+00.2℃	

序号\测段	TS1 至 TS1
1	-328.86
2	+1002.52
3	-297.72
4	-375.98

$H_{往}$=	-0.09
$H_{返}$=	-0.01
$H_{中}$=	-0.04
$H_{闭}$=	-0.10
允许	±0.80

$L_{往}$：-0.09　$L_{返}$：-0.01　$L_{闭}$：-0.04　$L_{限}$：±0.4

观测者：贺建明　记录者：贺建明　检查者：

图 5.3　台站水准观测手簿

水准测量的前辈们通过大量的观测实验逐步认识了精密水准测量的误差来源，并研究了消弱误差的有效观测方法，制定了严格有效的观测程式。精密水准测量的误差主要来源可分为仪器误差、观测误差和外界环境条件影响误差三种误差影响。

仪器误差主要指仪器（含标尺）检定校正后的残余误差，例如仪器 i 角检校后不等于零（也不可能总为零）就是检校以后的残余误差，前、后视距不相等时就能够引起与视距差成正比的误差，如果仪器的 i 角为 15″，当一个测站上前后视距差达到 0.5m 时，能够引起的高差大于 0.36mm，因此在水准测量时必须注意调整仪器的 i 角尽量趋近于零，以及前、后视距离尽量相等才能够消除和减弱视距差（由 i 角引起）误差影响。又如水准标尺刻划不正确、标尺长度的变化、标尺弯曲差都是影响水准测量成果和精度的直接原因，因此要规定限差限制这种误差的影响。规定一个测段必须为偶数站，就是为了消除一付标尺的零点差的影响等等。

观测误差主要有气泡居中误差、读数误差、视差影响和标尺倾斜影响，由于目前使用的水准仪是自动安平式的，不涉及仪器整平时水准管气泡居中误差，可以认为经过园气泡整平后视线为水平。读数误差是观测员进行水准观测时产生的误差，读数误差是人眼的分辨力和物镜的放大倍率以及视线的长度有关的误差（对于数字水准仪是电子设备对标尺分划的分

辨力），它与放大倍率成反比，与视距长度成正比。误差式为：

$$m_v = \frac{60''}{\rho''} \cdot \frac{D}{V} \tag{5.1}$$

式中，D 为视距长度；V 为物镜的放大倍率；$60''$为人眼的极限分辨能力。当视距长度为 30m 时，物镜的放大倍率为 40×时，m_v 大约是 0.2mm，这是水准测量不可避免的观测误差源。诸如视差影响和标尺倾斜误差可以通过调整仪器和标尺姿态及加强规范作业来达到消除或减弱观测误差影响。如正确调焦可以消弱视差影响，确保标尺竖直（气泡居中）达到消弱标尺倾斜误差。

外界观测环境条件影响是指水准测量现场的观测环境影响，例如观测场地的土质松软情况，是否会造成仪器脚架和标尺尺承下沉。仪器脚架下沉主要是通过奇偶站（如返测时奇数站前、后、后、前，偶数站后、前、前、后）不同观测程序来消弱其误差的累积。标尺尺承下沉主要是通过往返测取中数的方法来达到控制误差对测量成果的影响。实际上这类误差的影响更要靠作业人员的细心操作，如果仪器脚架或标尺尺承不稳固，极大的可能性是往返测不符值超限，而不是以上讨论的情况。涉及地震水准测量高（程）差成果中（如正常水准面不平行、地球曲率、重力异常、固体潮、海潮负荷、非潮汐海洋负荷、观测场地地表热膨胀效应、大气折光以及大气负荷）的改正都属于外界环境条件的影响，它们是水准测量中必然会受到的影响项目。有的虽然能够通过公式计算改正，但仍然会有残差影响，它们都会引起地震水准测量成果的偏差和观测精度的降低。

在实践基础上总结的地震水准测量理论已经非常成熟，已经形成控制误差来源的一整套观测程式和测量规范。在水准测量的基础理论和观测方法非常成熟的情况下，虽然不能说水准测量理论没有任何发展空间，但可以说在没有新理论和新技术支撑的情况下，观测方法和观测程序基本不会有突破性的改变。自 20 世纪 50 年代初，第一本水准测量规范《水准测量程式》发布实施以来，就基本形成了目前的观测方式。在当时总结了大量的观测实验结果的基础上规定的往返观测方式（双程单测），既能够比“双程双测”缩短观测时间，又能够满足一等水准观测精度。这是经过了大量“单程单测”“单程双测”“双程单测”和“双程双测”的观测实验数据结果给出的能够满足于一等水准测量的（既符合精度要求又相对低成本投入）最佳观测方式。此观测方式能够沿用至今是因为在理论和实践上都不支持更为低成本的“单程双测或单程单测”观测方式，使得此观测方式至今无法突破。地震水准测量的观测方式也是采用往返观测（双程单测），并规定同一区段的各测段往返测应使用同一类型的仪器和转点尺承并沿同一道路进行连续测量。严格的观测方式、操作程序和作业规范是地震水准测量监测成果质量的强有力的保障。GB/T 12897—2006 中 7.1～7.5 节细致地规定和解析了一等水准测量的步骤，从立尺点的尺承规格、重量和材料，到仪器设站和观测程序和观测过程要求，一个测段往返测奇偶站的观测顺序与观测程序，乃至一个区段与测线的一整套作业步骤、程序和流程都进行了祥细规定，每一步的规定都有着限制和控制水准测量误差积累和传播的含义和作用。比如双程单测和往测奇数站观测顺序“后、前、前、后”，往测偶数站观测顺序“前、后、后、前”（返测的观测顺序相反）的规定，能够有效地降低因仪器脚架和尺承升降给高差中数带来的误差。水准测量实验研究给出了仪器脚架的铁尖（大力）踏入地面之后土壤的反作用使脚架逐渐上升，上升的规律是始快后慢，而后还会有下沉的过程。尺桩用力打入地下时，土壤的反作用同脚架的情况一致。当标尺放到尺承上时，标尺在外力（重量）作用下使尺承有一个先下沉的过程，然后在土壤反作用下促使尺承反向上升。因此尺承的升降对于先观测前尺的测站还是会有较大影响的，为此前尺放置在尺承上不要马上观测，以避开放置尺承快速下沉的时间段。规定尺台不得少于四个的重要原因也是为立尺的尺承留有一个降升时间。第一个（前）标尺的读数顺序先读取上丝、下丝，然后再读取中丝客观上起到了延长和拖延中丝读数时间的效果，能够有效减弱尺承升降对先读前尺中丝读数带来的误差影响。由于尺承（特别是尺桩）在力的作用下对地面产生形变回弹（时间延迟）响应，需要在水准观测中特别注意，否则会随着观测站数的增加很容易产生系统性质的误差积累。也正因为此原因，DB/T 5—2015 具体规定了尺桩的重量不小于 1.5kg，长度不小于 0.2；并规定了使用尺台必须不能少于 4 个，重量不得低于 5kg。实际上这个规定里隐含着尺承不应当刚刚安置地上就立即放置标尺进行观测的规定，应当在尺承钉入土壤和放置标尺后有一个充分的时间，再进行读取上、下丝读数和中丝读数。使用数字水准仪更需要注意以上问题，一定要保证前尺尺承的安放时间足够长（比如 30s 以上）。只进行单程观测不能消弱先测前进方向标尺尺承升降引起的误差，这是规定地震水准测量需要往返（双程）观测的主要原因之一。因此，地震水准测量必须严格按照标准规定的步骤进行操作，也是提高内在观测质量的必然选择。

随着科技的发展，水准观测仪器的更新换代和数字水准仪的普及使用，水准观测过程省去了很多操作步骤，比如省去了光学水准仪观测时需要旋进（或旋出）测徽器使楔形平分丝精确照准标尺分划并读取测微器读数的过程，观测员主要操作就是规范安置整平仪器和照准标尺调焦，自然也就没有了人的观测误差。但数字水准仪也不是没有缺点，所有的数字水准仪及其观测结果表明，仪器标称精度和观测精度都与蔡司 Ni002（A）型的光学自动安平水准仪有一定的差异。另外由于数字水准仪的重量（一般为 3.5kg 左右含电池）相比光学水准仪重量轻很多，因此有 4 级以上风力作用时容易产生颤动，使用三脚架进行水准观测时有可能会影响到观测精度。虽然 DB/T 5—2015 没有对使用的三脚架类型进行具体规定，但地震水准测量不应当使用伸缩型的三脚架，可伸缩型三脚架接口靠一个螺丝紧固，脚架伸缩体之间会有空隙，转动仪器时就有可能晃动，从而产生测量误差，需要引起特别注意。

DB/T 5—2015 中表 5 给出了测量精度的限差，规定的这个测量精度是最低精度要求，地震水准测量不允许低于这个限差，超限就应当按作废成果处理和分析原因给出处理意见。DB/T 5—2015 中表 6 虽然规定了地震水准测量复测时间间隔，但就目前执行情况而言，不尽“规”意。大部分的区域水准测网不但不能按照复测间隔（1～5 年）的要求开展监测，而且不能在一个年度内完成一个区域水准测网的观测工作。台站水准测量复测间隔规定 1～5 天，也有个别监测单位利用复测结果的高差变化量，分析认为可以延长复测间隔，提出了每周或者每十天观测一次的要求。提出这个问题要从是否能够满足地震形变监测的需求出发，单纯强调某台站水准高差变化量，可能对于大部分的观测数据分析结果成立，但是怎么捕捉地震前兆的短临地壳垂直形变信息呢？多年的台站水准测量结果表明台站水准监测成果能够显示地震短临形变信息，延长至 1 周（或 10 天）是否还能够提供短临信息呢？这是需要地震形变分析和震情预报研究探讨的科学问题，标准规定的复测间隔是已有研究结果的体现，监测工作者首先需要考虑的应当是执行规范规定。虽然 DB/T 5—2015 是推荐性的，但其规定都是经过了多年的监测工作实际提炼出来的，任何的改变或修改需要经过多方面的考量和论证，以确保地震水准测量监测工作能够为地震预报服务的目标。

DB/T 5—2015 中 8.2.3 和 8.2.4 两条款强调了无论采用什么记录方式都应当是现场读取数据和记录数据，不允许转录成果。随着科技的发展，今后地震水准测量中基本不太可能出现需要手工记录的情况。录音转换成文字（数字）的技术目前已经非常成熟，应急情况下完全可以采用录音的方法记录，再通过录音直接转换成观测数据。手工记录只是作为一种沿用过的最为传统和基础的记录手段为处理特殊情况下提供观测记录的手段和方法而已。

DB/T 5—2015 中 8.2.5 条款的规定会产生因人而异的问题，如云量（十级制，肉眼所见云彩遮蔽天空面积的十分之几则为几级云量），其实肉眼真的没有分辨十级云量的能力，因此会产生因人而异的结果。当然太阳方向（相对于路线前进方向的太阳方位：前方、前右、右方、右后、后方、左后、左方、前左，阴天为无）、道路土质、风向及风力（观测前进方向风吹来的方位：前方、前右、右方、右后、后方、左后、左方、前左记录，风力按 GB/T 12897—2006 中表 D.4 风级表记录）也存在人为成份和主观臆断问题，所以更需要认真客观地记录这些数据。注意记录太阳方向是以测段总的方向做为观测前进的太阳方向，不能以第一个测站的前进方向做为太阳方向，而是相对于测段前进方向的太阳方位。

夜间与白天水准观测对比实验结果给出了夜间水准观测可行性。在实验的基础上对水准观测时间进行了更改，规定允许利用夜间进行水准观测，使得能够进行水准观测的时间得到了极大的扩展。由于夜间的时间也可以进行地震水准测量，因此 DB/T 5—2015 增加了 8.2.6 条款 a）的规定，并重新规定了水准观测时间。DB/T 5—2015 对中天前后不能观测的时间段也进行了详细的规定，相应的 GB/T 12897—2006 中 7.2 条款 a）和 b）观测时间的规定不再执行，DB/T 5—2015 中 8.2.6 条款的 c）、d）和 e）与 GB/T 12897—2006 中 7.2 条款的 c）、d）和 e）内容相同，没有进行任何修改或补充。

DB/T 5—2015 中 8.2.7 和 8.2.8 条款是针对区域水准测量中多次出现过的此类问题增加的条款，由于没有认真核对点之记与所在水准点点位是否相符，导致“张冠李戴”测错了点。由于电子记录不需要现场签字了，有作业人员图省事出现了“代签”的问题。因此特别强调了观测资料中的观测者、记录者、编算者、绘图者、校对者、检查者等均应由本人签名。实际上这一要求强调的不仅是要本人亲笔签字，最为重要的是签字者要履行相应的（现场）校对和检查的职责。

5.2 区域水准观测

在山区进行区域水准测量时不允许为增加标尺的视线高度而把尺承安置于路边沟中（或低洼处），这种情况下，虽然标尺读数大于 0.5m，但仪器至标尺间视线必然有离地面距离小于 0.5m 的视线段，视线离地面过低会引起视线弯曲和视线抖动等问题出现。同时也不能为争取观测时间而利用“允许测段 20%同光段重合站数”的规定，这个规定是有条件的，既多云或阴天的情况时，可以使用“允许测段 20%同光段重合站数”这一规定。地震水准测量强调严格按照水准观测程序和观测步骤操作，是提高水准观测精度和提高内在观测质量的保证。地震水准测量中台站水准的观测环境条件最优，观测操作最为规范，其观测精度也相对较高。

GB/T 12897—2006 规定同光段是按照区段的 20%计算的，DB/T 5—2015 按照测段的 20%来计算。这是为了防止同光段观测产生的系统偏差积累做出的严格规定。计算测段同光段重合测站数时，应当先画出两个端点为水准点符号的一条线段，往测测线画在线段的上方，返测测线画在线段的下方。上午测站数画实线，下午测站数画虚线，并在线上（或下）注记测站数。分别按往测和返测方向推算同光段重合站数，取往返测方向推算值的平均数作为该测段的同光段重合站数，既测段同光段重合观测测站数=（往测方向推算的同光段重合观测站数+返测方向推算的同光段重合观测站数）/2。各种类型的计算示例见图 5.4，或参见 DB/T 5—2015 附录 B.1 节同光段测站数计算方法和附录 B.2 节同光段测站数计算示例。

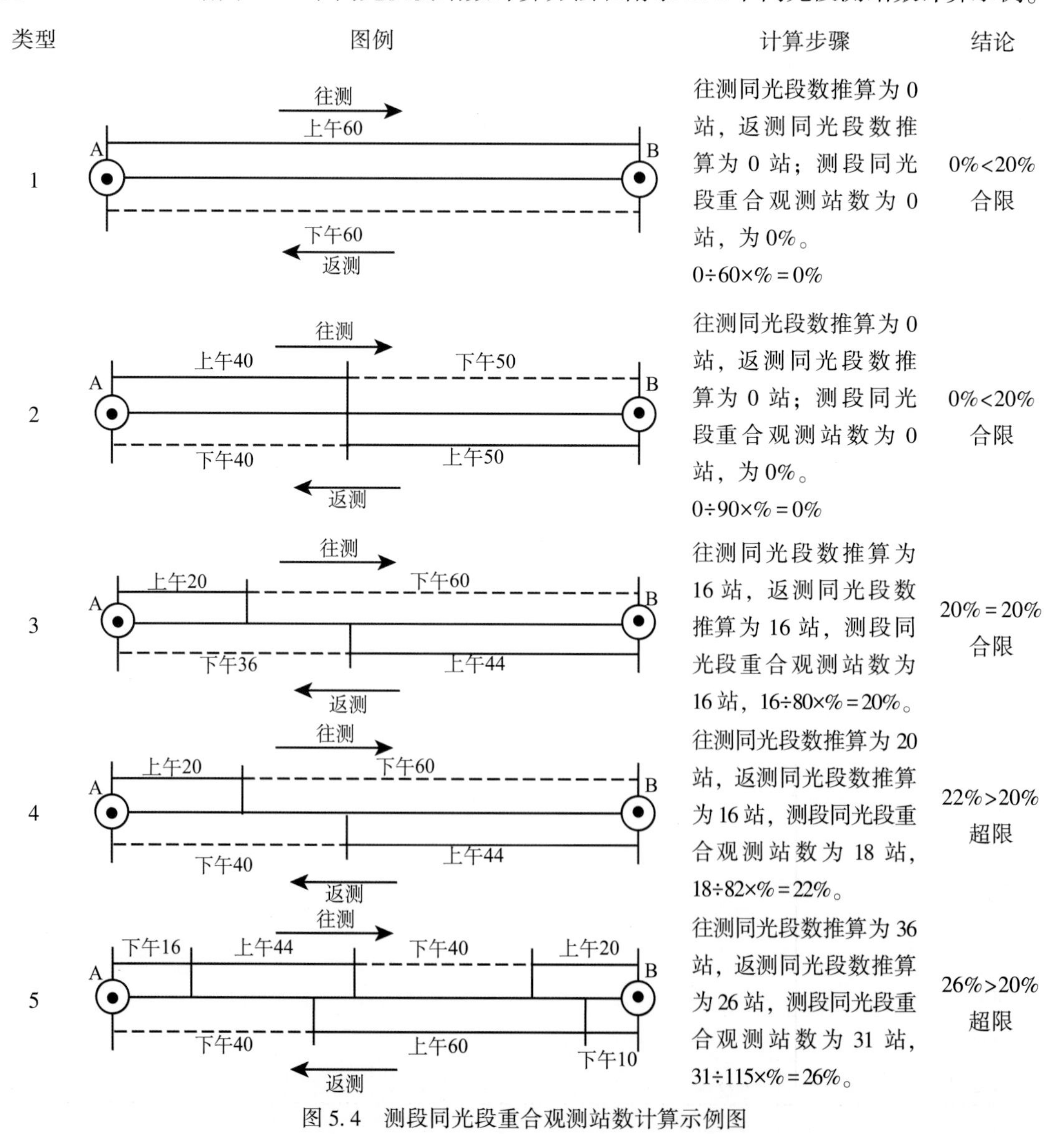

图 5.4　测段同光段重合观测站数计算示例图

区域水准测量测段往返测高差中数成果的取舍，应按 GB/T 12897—2006 中 7.12 节的条款规定进行合理取舍。但测段若已分别进行 2 个单程的往测和返测，仍未取得合格成果时，应执行 DB/T 5—2015《地震水准测量规范》的规定重新进行观测并注记重测原因，不再执行 GB/T 12897—2006 中 7.12.1 条款“d) 若超限测段经过两次或多次重测后，出现同向观测结果靠近而异向观测结果间不符值超限的分群现象时，如果同方向高差不符值小于限差之半，则取原测的往返高差中数作往测结果，取重测的往返高差中数作为返测结果”的条款。实际上 DB/T 5—2015 规定的测段若已分别进行 2 个单程的往测和返测，仍未取得合格成果时，应重新进行观测的规定仍然不能涵盖所有的情况。例如 2007 年宣京 132—2 至包京 133 测段在前两次往返测不能取得合格高差成果后，重新开始第 3 次往返测的观测，取得了合格成果。而 2008 年宣京 132—2 至包京 133 测段前两次往返测不能取得合格高差成果后，开始第 3 次测段往返观测，按照规定经过取舍仍然没有能够得到符合要求的成果。经分析并通过技术管理部门决定依照“分群”取舍成果的方法取用首往返和重往 2 重返 2 的观测成果，以首往返取中数做为往测成果，以重往 2 重返 2 取中数做为返测为最终成果的技术处理方案，见表 5.1。更有甚者曾发生过一个测段经过了 9 次往返测，按规范取舍成果都没有能够取得合格成果的情况。由以上特例可以看到地震水准测量实践中出现的问题是千差万别的，也说明所有的规范都不能涵盖所有可能出现的问题。虽然规范不是万能的，但是如果没有 DB/T 5—2015 做为技术依据指导地震水准测量作业是万万不行的。这个特例只能说明具体问题需要具体分析，也说明技术人员和技术管理部门的重要性。需要技术管理部门从实际出发，特殊问题需要特别处理。出现这种特例情况虽然少之又少，但必竟是有可能发生的，将来是否应当在标准文本修改时给出明确的规定或是给出技术管理部门处理的权限规定，需要今后 DB/T 5—2015 修订时认真讨论研究。

表 **5.1**　**2007** 年与 **2008** 年宣京 **132—2** 至包京 **133** 观测结果

<table>
<tr><th>测量方向</th><th>年份</th><th>观测日期</th><th>观测高差</th><th>闭合差</th><th>成果取舍</th><th>备注</th></tr>
<tr><td>首往</td><td rowspan="6">2007 年</td><td>8 月 21 日上午</td><td>+30.17445</td><td rowspan="2">+8.47</td><td rowspan="2">舍弃</td><td rowspan="12">观测长度：
2.2km
限差为：
±2.67mm</td></tr>
<tr><td>首返</td><td>8 月 20 日下午</td><td>−30.16598</td></tr>
<tr><td>重往 1</td><td>8 月 25 日上午</td><td>+30.17775</td><td rowspan="2">+13.73</td><td rowspan="2">舍弃</td></tr>
<tr><td>重返 1</td><td>8 月 24 日下午</td><td>−30.16402</td></tr>
<tr><td>重往 2</td><td>8 月 26、27 日</td><td>+30.16810</td><td rowspan="2">−0.68</td><td rowspan="2">采用</td></tr>
<tr><td>重返 2</td><td>8 月 25、26 日</td><td>−30.16878</td></tr>
<tr><td>首往</td><td rowspan="6">2008 年</td><td>7 月 20 日上午</td><td>+30.17288</td><td rowspan="2">+9.33</td><td rowspan="2">往测成果</td></tr>
<tr><td>首返</td><td>7 月 19 日下午</td><td>−30.16355</td></tr>
<tr><td>重往 1</td><td>7 月 21 日上午</td><td>+30.17048</td><td rowspan="2">+4.40</td><td rowspan="2">舍弃</td></tr>
<tr><td>重返 1</td><td>7 月 20 日下午</td><td>−30.16608</td></tr>
<tr><td>重往 2</td><td>7 月 22 日上午</td><td>+30.17325</td><td rowspan="2">+9.90</td><td rowspan="2">返测成果</td></tr>
<tr><td>重返 2</td><td>7 月 22 日下午</td><td>−30.16335</td></tr>
</table>

DB/T 5—2015 中 8. 3. 3 条款对于几个观测组对位于地面沉降和垂直形变较大的同一水准点进行观测时，应尽量缩短观测间隔的规定，也是根据水准测量实际作业中出现的具体问题而增加的条款。例如在 2011 年天津市地面沉降监测的水准测量作业中，李七庄基岩点至 CH01 水准点测段距离为 0. 1km，往返测的高差不符值为+0. 70mm，而限差为 $1.8 \cdot \sqrt{0.1} = 0.57$mm，显示往返测高差不符值超限。但是根据 2005~2012 年的 8 期（每年一次）监测成果可知，以李七庄基岩点作为“不动点”计算 CH01 水准点每天平均有 0. 115mm 的地面沉降量，而该测段（所在水准测线为 44 线）往测时间为 2011 年 9 月 8 日，返测时间为 2011 年 9 月 15 日，时间间隔为 7 天，其沉降量达到了 7 天×（-0. 115mm/天）= -0. 805mm。如果加入 7 天沉降量的改正，则该测段往返测高差不符值为-0. 805mm+0. 70mm = -0. 105mm，该测段往返测高差不符值就符合限差要求。这个例子能够说明如果李七庄基岩点是一个沉降点，多条测线多个作业组对李七庄基岩点进行同步（时）观测的重要性和必要性。同理一个观测组在地面沉降地区选择分段结点也要注意结点与相邻水准点沉降的差异性。

制定《地震水准测量规范》8. 3. 4 条款的原因已经在第 1 章中进行了详细解释。当连续 4 个测段的往返测高差不符值保持同一符号时，宜酌情缩短视线长度，并应采取仪器隔热和防止尺承位移等措施。能够采取的措施有缩短视线长度、测前充分凉置仪器（半小时以上)、为仪器打伞避免阳光直晒、保证尺承稳定性、避免和减少尺承可能的位移等等。

DB/T 5—2015 中 8. 4 节特殊观测条款对区域水准测量的四种特殊情况下水准观测方法做了明确规定。8. 4. 1 条款固定标尺观测是特别针对北京原点观测方法的规定，北京原点位于北京医科大学第一附属医院妇产医院院内水准原点标房内，标房南侧观测窗内镶嵌带有分划的水晶标尺，标注 0 分划的刻线高程为 48. 8××m。由于北京原点的特殊性，产生了固定尺观测的问题。DB/T 5—2015 中附录 D 给出了具体算例，并对北京原点水准观测时需要注意的问题也进行了注释。

DB/T 5—2015 中 8. 4. 2 条款对以往的夜间水准观测进行了重新规定，以往的夜间观测主要是专为交通繁忙情况制定的条款，DB/T 5—2015 在制定夜间观测时为适应地震水准测量存在地震发生以后的应急监测问题，专门实施了夜间与白天的水准观测对比实验。实验采用了白天与夜间分别对同一测段使用同一组水准仪器和观测人员，不同的只是夜间观测采用了 LED 灯照明标尺和仪器自带照明设备。实验结果表明 LED 灯照明设备能够比较方便地与标尺一起携带，观测时不存在仪器寻找标尺困难问题，夜间测站上的观测的速度相比白天的观测速度相差不大，只是夜间路上行进的速度相对慢，使得夜间观测总体的速度逊于白天的观测速度，夜间与白天的观测高差和精度结果基本相当。采用 LED 灯照明系统的夜间观测方法在高铁施工建设和运行初期的铁路基础和轨道垂直形变监测中大显身手（京津高铁白天运营夜间停运，停运时间段才能观测），高铁的夜间水准观测结果进一步验证了夜间水准观测方法的可靠性和可行性，并取得了较好的经济效益和社会效益，图 5. 5 是京津高速铁路天津段轨道垂直形变夜间水准测量工作照片。LED 照明的夜间观测方法不仅能够为地震水准应急监测提供观测装备，实际上夜间观测也可以为非应急情况提供地震水准测量一种备选方案，能够为地震水准测量增加观测时段，在需要时提供更长的水准观测时间。DB/T 5—2015 推荐每天可用于水准观测的时间段有三个：一是日出后 30min 至中天前（按季节）规定的时间，二是中天后（按季节）规定的时间至日落前 30min，三是日落后 1h 至日出前

1h，增加了夜间观测时间。夜间使用LED灯照明观测实验还获得了两项实用新型专利（水准仪夜间照明系统和用于光线不足环境下测量的光学标尺）。

图5.5　京津高铁轨道垂直形变监测

由于国内还没有在永冻地区建立地震水准测量测网和场地的情况，所以DB/T 5—2015中8.4.3条款涉及的冰上观测情况到目前为止还没有遇到。但考虑到地震水准测量的发展和推广（DB/T 5—2015用于其他精密水准测量参考使用）等因素，今后还是有可能遇到冰上水准测量问题，故在此增设了冰上观测按“GB/T 12897—2006中8.11”条款的要求执行。在冰冻的河面上进行水准观测时还要特别需要注意作业人员站位问题，在测站观测的过程中要尽量保持站立位置不变，司尺员还要在做为前后尺的两个测站的站位保持原地不动（只旋转标尺和人的方向，而人站立位置不变）。某单位承揽的高铁哈大线哈尔滨第五标段过江水准连测是在冬季进行的，就采用了冰上水准观测方法。

与GB/T 12897—2006相比较，DB/T 5—2015中8.4.4条款跨河观测只推荐了三种方法，①跨测观测法，②光学测微法，③全站仪倾角法三种跨河水准测量方法，没有推荐GPS测量法的直接原因是GPS跨河测量法在地震水准测量跨河水准测量实验中超限，以跨河水准测量实验作为依据没有推荐GPS跨河观测方法。实验结果可参阅（陈聚忠等，2014）GPS跨河水准测量实验。目前现有的区域水准测量还没有遇到跨越超过3500 m距离的跨河水准测量问题，如果今后遇到超过3500m宽度的跨河水准测量再根据场地具体情况进行专门设计。GB/T 12897—2006规定的其他几种跨河观测方法，这些跨河观测方法在使用的仪器设备和测量方法上略显不足和落后，故在DB/T 5—2015中没有推荐。

5.3 跨断层水准观测

跨断层水准观测的基本操作与区域水准观测的基本操作相同，跨断层水准观测按照其特殊性特别规定了 DB/T 5—2015 中的 8.5.1 条款。8.5.1 条款前半句虽然规定了允许同光段进行往返测，但后半句和 DB/T 5—2015 中的 8.5.2 条款进行了严格的限制，要求以后的各期观测都必须在相同的光段观测，且需要采用相同的往返测观测顺序。这个规定主要是防止上下午不同光段观测成果可能存在的观测顺序上的系统性误差，则利用高差之差分析垂直形变时就能够有效地得到消弱和控制。

5.4 台站水准观测

由于每一测站都固定观测墩和固定立尺点，其视距是一定的，不需要读取上下丝计算视距长度，且本次高差与已测高差比较可以作为有效校核，因此没有必要再进行上下丝读数，故规定台站水准测量可不读取和记录与视距相关的读数。跨断层水准和台站水准都是在固定的观测场地，特别是台站水准是在固定观测墩和固定立尺点的条件下进行水准观测，相比区域水准的流动观测条件和观测环境都比较稳定，观测精度普通高于区域水准测量。经大量的台站水准测量统计的每千米观测高差中数中误差（M_{KM}）均在±0.30mm 以内，一般在±0.20mm左右甚至更高，显著高于区域水准测量（注意计算方法不同）和DB/T 5—2015 中给出的精度指标。测站往返测高差中数偶然中误差（M_Z）在±0.040mm 左右，均优于测站高差观测中误差限差±0.08mm，表 5.2 是某台站某年的三条测线每月观测精度统计情况。

表 5.2　地震台站水准测量资料统计表

（仪器型号：Ni002）

方向/月份	N-S1		S1—S2		S2—W		连续率（%）	同光段（天）
	M_Z（mm）	M_{KM}（mm）	M_Z（mm）	M_{KM}（mm）	M_Z（mm）	M_{KM}（mm）		
1	±0.033	±0.29	±0.026	±0.11	±0.044	±0.26	100	4
2	±0.034	±0.14	±0.026	±0.13	±0.031	±0.19	100	0
3	±0.039	±0.27	±0.029	±0.10	±0.034	±0.12	100	0
4	±0.036	±0.20	±0.044	±0.23	±0.031	±0.19	100	0
5	±0.033	±0.15	±0.027	±0.18	±0.042	±0.16	100	0
6	±0.066	±0.26	±0.068	±0.27	±0.053	±0.21	100	0
7	±0.032	±0.18	±0.028	±0.11	±0.022	±0.12	100	0

续表

方向 / 月份	N-S1		S1—S2		S2—W		连续率（%）	同光段（天）
	M_Z（mm）	M_{KM}（mm）	M_Z（mm）	M_{KM}（mm）	M_Z（mm）	M_{KM}（mm）		
8	±0. 022	±0. 17	±0. 025	±0. 19	±0. 024	±0. 12	100	0
9	±0. 030	±0. 17	±0. 028	±0. 10	±0. 032	±0. 13	100	0
10	±0. 038	±0. 18	±0. 028	±0. 16	±0. 031	±0. 15	100	1
11	±0. 030	±0. 16	±0. 040	±0. 20	±0. 029	±0. 15	100	0
12	±0. 032	±0. 14	±0. 020	±0. 14	±0. 030	±0. 15	100	0
年均值	±0. 035	±0. 19	±0. 032	±0. 16	±0. 034	±0. 16	100%	Σ = 5
备注	1 月份同光段率为 12. 9%，10 月份同光段率为 3. 2%，年同光段率为 1. 4%。							

台站水准测量是利用高差时间（每日）序列数据分析高差变化趋势，如果不能论证晴天同光段观测与不同光段观测的往返测高差中数相同，既不存在系统性偏差，最好的办法还是按照上午和下午不同光段进行往返测量。在区域水准观测中已经阐明上下午不同光段分别进行往返测量的必要性和重要性，因此虽然规定了台站水准测量经过测试分析和报批以后可以按一定的规则进行同光段往返观测，还是应当非常谨慎地使用这一规定，以保证获得“无偏”的往返测高差中数。

台站水准构成闭合环时，当上午光段单程环线闭合差超限时，要注意分析查找原因，对观测条件较差（过往车辆增加变化、人为干扰等）或可能影响观测质量（仪器和标尺故障，甚至观测员和司尺员的精神状态等）的测线进行重测。上午光段观测结束后，还要注意比对各测段与前一天的观测高差结果，比对结果超过往返测不符值限差的测段也要进行重（复）测。一天的往返测结束以后，不仅要计算各测段高差中数，还要计算各测段高差不符值是否符合限差要求。如果超限则只重测下午光段的单程。其原因有两方面，一个是无法重测上午光段的单程，另一个原因是上午光段的成果已经与前一天的观测成果进行了比对。这里没有规定重测以后再超限的处理办法，是指测量工作可以“到此为止”的意思，其观测数据结果再处理是形变分析的内容了。DB/T 5—2015 中 8. 6. 3 条款还对同一光段往返测观测高差不符值超限的情况进行了规定，既应分析原因，选择观测条件较差的单程重测。实际工作中还要对各测段往返测高差中数与前一天的成果进行比对，检查并排除观测成果是否存在问题，提出观测成果是否可靠的结论，为形变分析提供可靠的监测成果。

跨断层水准测量和台站水准测量需要夜间加密应急观测时，可以按照夜间观测的规定要求作业，到目前为止跨断层水准测量和台站水准测量还没有进行过夜间水准观测作业。

如前所述，大量的台站水准测量统计的每千米观测高差中数中误差不超过±0. 3mm，所以根据已有资料统计还没有出现 DB/T 5—2015 中 8. 6. 5 条款所述情况，即使出现了台站水准测量月（年）观测精度和跨断层水准测量的年观测精度超限的情况，也无法实现重测（即使重测也失去了形变分析的实效性和实际意义），故不需要重测。但应当查找监测工作中的问题，采取措施减小干扰。实际上超限也可能是一种形变异常信息，虽然这种情况出现的可能性少之又少，还是要分析形变信息存在的可能性，与此同时还要上报业务管理部门和成果使用（分析预报）部门，及时提供监测数据资料以利于分析预报和研究使用。例如2008年5月份以前首都圈区域水准网唐山地区某测线超过40%的测段高差不符值出现超限情况，往返测高差中数偶然中误差随之偏大，出现了“南升北降”的垂直形变异常现象。经研究GPS垂向数据，发现GPS垂向形变与水准测量结果同步出现异常，在汶川地震发生以后有重点地对部分测线和测段进行了复测，“南升北降”现象向缓解转变，垂直形变状态趋向“正常”，分析确认“南升北降”的测量结果与超限等现象与垂直形变异常信息相关。

辅助观测是相对地震水准观测而言的，这些辅助观测不仅是地震前兆观测的组成部分，而且是重要的监测手段。例如地下水位观测本身就是流体学科的监测手段，地壳运动强烈期其地温和地下水位也会有所变化。只是在台站水准测量中称之为辅助观测的测项，这些测项的观测数据与台站水准测量数据一样都是地震台站的地震前兆监测数据，因此辅助观测理应得到同样的重视，不能因为是辅助观测而有所忽视。辅助观测测项与台站水准测量成果具有同等重要作用还在于它们的相关性，例如根据金州地震台站的水准观测高差时间序列数据变化趋势与该观测场地地下水位的升降相关性研究，利用地下水位观测数据和降雨数据等对水准观测高差进行相关性分析并给予改正，得到了较好的修订结果。

对于台站水准的辅助观测测项，DB/T 5—2015 中 8. 7. 1 条款规定台站水准测量必须要有不少于3项辅助观测测项，并规定宜选择气温、气压、降水量、地温和地下水位等5种辅助观测测项进行同期（同步）观测。地震台站一般都有自己的辅助测项观测设备和装置，因此收集台站附近50 km范围内气象观测站的气象资料起到的作用只是做为台站（附近）区域气象的参考。该条款对台站水准测量的辅助观测时间、读数计数取位、记录格式和辅助测项观测设备进行了明确的规定。

DB/T 5—2015 中 8. 7. 2 条款还进一步对辅助观测仪器检定与标定进行了规定，要求辅助观测仪器设备必须由法定计量检定单位检定并出具检查结果。对无法送检的仪器设备也要按规定定期比对和检校。

5. 5　观测成果

DB/T 5—2015 的 8. 8 节对地震水准测量的观测成果整理与归档的要求进行了规定，强调了地震水准测量的观测工作结束后，应及时整理和检查观测成果。确认全部符合规范要求后，进行外业计算和精度评定的总体基本要求。对于区域水准测量观测工作的结束是指作业组完成任务书规定的野外水准测量观测任务（包括结测时的 C 值和 i 角测定），各测段的观测要素（气象、距离、高差和不符值）记录和计算内容齐全，形成符合 DB/T 5—2015 规定的完整观测手簿，观测手簿按照队、组和观测时间（分测线）顺序编号。例如：第二监测队（二队）第三组（203组）的第一本手簿的编号为2301。各测段、区段和测线往返测高差不符值（闭合差）计算应满足 $\pm 1.8\sqrt{R}$ 限差要求（R 为测段、区段或测线的长度）。如果是形成单一闭合环线的还要计算环线闭合差并要符合 $\pm 1.8\sqrt{L}$ 限差要求（L 为环线长度）。计算各测段同光段重合测站数并应符合≤20%的规定要求（一般在完成测段往返测量之后即画图并计算）。作业组全年任务的每千米水准测量高差中数偶然中误差计算 $M_{\Delta}=\pm\sqrt{[\Delta\Delta/R]/(4\cdot n)}$，并应符合 $M_{\Delta}\leqslant\pm0.45\text{mm/km}$ 的规定要求，当各项观测符合规定限差要求以后方可离开测区。

区域水准测量作业组回到单位后再利用专用软件对观测手簿进行解译、计算、打印和（以测线为单位）装订成手簿。整理已计算完成的测段、区段、测线往返测（应当顾及水准标尺长度改正、正常水准面不平行改正和重力异常改正）高差不符值（闭合差）和各测线（不足 50km 的测线归并到相临测线中计算）的每千米水准测量往返测高差中数偶然中误差。按测线编算区域水准测量成果表，区域水准连测支线应单独编算区域水准测量成果表，编算区域水准测量成果表时，应进行水准标尺长度改正、正常水准面不平行改正和重力异常改正。DB/T 5—2015 没有推荐其他（如固体潮等）改正项计算。

如果水准标尺长度改正数达到了±0.04mm/m（既最大允许值），当山区测线高差为 100m 时，测线的水准标尺长度一项改正就会达到±4mm；当组成环线的另一条测线使用的水准标尺与该水准标尺长度改正的符号相反，则水准环线的水准标尺长度改正数就会增加到±8mm。而在山区高差达到 100m 的测线不在少数，因此计算环线闭合差时必须顾及这项改正。一般都是以测前的水准标尺长度改正数估算测线（段）的改正值，确保估算的环线闭合差不会超限。水准测量各测段的正常水准面不平行改正和重力异常改正基本上是一个“常量”，这个常量在两次水准测量测段高差之差中已经为零，是否可以不计算这两个改正呢？答案是否定的。因为这两项改正在一个水准环线的几条测线的改正值之和不会等于零，甚至有些组成水准环线的几条测线的改正值超过了环线闭合差限差的量值，如果不对正常水准面不平行改正和重力异常改正进行计算的话，就很容易形成这些水准环线闭合差超限（或不超限）的假象。如 1984 年施测的九渡河—昌平，九渡河—怀柔，怀柔—昌平三条测线组成的水准环线，环线长度 110 余千米，不含正常水准面不平行改正和重力异常改正的水准环线闭合差为+29mm（环线闭合差限差按当时规定的 2 倍测线长平方根计算也只有 $\pm2\sqrt{110}=\pm21\text{mm}$），其环线上的各测段正常水准面不平行改正和重力异常改正之和达到了-31mm。如果不加正常水准面不平行改正和重力异常改正，环线闭合差超限。不仅如此，如果在水准测量各测段以实测重力对高差进行重力异常改正，还能够得到更好的改正结果，重力异常改正使水准环线闭合差趋于更好的结果。例如西部地区的一个地震水准环线实测了 31 个水准点的重力值并通过内插计算得到环线各测段水准高差的重力异常改正，环线重力异常改正之和为+25.16mm，环线闭合差为-47.44mm，而利用重力布格异常图得到的重力异常改正为+15.5mm，环线闭合差为-57.10mm（限差为±59.19mm）。这些实例说明测段高差相关改正对于地震水准测量成果和测量精度的必要性和重要性，有关重力异常改正的作用和意义可参阅王建华等（2009）的精密水准测量中的重力异常改正和刘东等（2018）的实测重力异常与布格重力异常在高精度水准测量改正中的精度比较等论文。文章较为祥细地讨论了实测重力与布格重力异常对水准测段高差值的改正效果及对水准环线闭合差的作用和影响。水准标尺尺长改正、正常水准面不平行改正和重力异常改正是区域水准测量中最为重要的几项改正，而跨断层水准和台站水准只需要做水准标准尺尺长改正。

在按测线编算区域水准测量成果表时，表内的第二列是点位的经纬度，这与 GB/T 12897—2006 中规范性附录 D 的表 D.3 一等水准测量外业高程与概略高程表略有不同。DB/T 5—2015 没有推荐对地震水准测量测段高差做 GB/T 12897—2006 中 9. 2. 2 规定的 b）水准标尺温度改正和 e）固体潮改正（含海潮负荷改正）改正项目，是基于这些改正的一些客观原因。由于地震水准仪器检定还不具备水准标尺温度改正的检验能力，如果只是按照因瓦标尺平均的膨胀系数 $\alpha=2.0\times10^{-6}$ 计算的话，显然严谨性不够，因此没有推荐做 b）水准标尺温度改正项计算；对于 e）固体潮改正（含海潮负荷改正），首先固体潮改正的量值不大，随时间变化具有一定的“偶然和随机”性，其次海潮负荷改正所指“近海”没有明确多远的距离，其模型本身的精度也有待考量。按照 GB/T 19531. 1～19531. 4—2004《地震台站观测环境技术要求》宣贯教材中的实验给出的结论：海洋潮汐影响范围只在近海数百米的距离以内有明显影响，故暂时没有推荐做这几项改正。应用 GB/T 12897—2006 中的计算公式给出的计算结果表明离近海岸（10～20km）且北西向（与海岸大致垂直）5km 水准测段往测单程固体潮改正达到了 0. 18mm，返测单程为-0. 13mm，且一条测线上具有同符号的积累性，这个算例结果说明从量值上考虑近海地区的水准测量高差应当增加固体潮改正。也有可能是 GB/T 19531. 1～19531. 4—2004 宣贯教材中的实验结论是针对明显影响观测精度给出的。随着对海潮负荷改正的深化认识和计算模型的改善提高，还是应当在地震水准测量中增加固体潮改正和海潮负荷改正，甚至当有完善的计算模型时还应当考虑增加（大气潮汐）地表质量负荷等非构造形变改正项，这些需要看今后有关研究结论是否支持改正和改正量的大小。另外这些改正可以在地震水准测量以后的任何时间进行计算，也请对此有兴趣的研究人员进行一些计算与分析研究工作，作为今后修订《地震水准测量规范》时的依据。DB/T 5—2015 只推荐了 a）水准标尺长度改正，b）正常水准面不平行的改正，c）重力异常改正，d）环线闭合差改正四项改正。只有当水准网形成单一闭合环时需要进行环线闭合差改正项，多个水准环的环线闭合差改正是水准网平差计算的工作，地震水准测量外业计算工作不进行这项改正。区域水准测量成果表、跨断层水准测量成果表和台站水准测量成果表（台站辅助观测成果表）见 DB/T 5—2015 中附录 F 的表 F. 1、表 F. 2、表 F. 3 和表 F. 4。其中表 F. 3 的测段温度往测 往测 平均，第二个往测应当改为返测，应改写为往测 返测 平均。

一般情况下，一个单位的全年水准测量任务量能够形成十余个水准环线，所以一般情况下全中误差无法达到 20 个以上水准环线的计算要求，这时计算的全中误差结果只能做为参考。分析研究时的平差计算中利用不同年份的水准资料组成水准网也会计算全中误差，用以评价组网的精度和质量，但做为评价水准网平差计算更为重要的精度指标还是平差后的单位权中误差。

DB/T 5—2015 中 8. 8. 2. 2 条款重测测段的作废成果应在观测手簿中注明作废原因，在技术总结中将作废成果作为附表列出。这一条款的制定直接原因就是 2008 年华北区域水准测量出现的多起往返测高差“分群”和不符值超限的现象，分析认为这是一种地壳垂直形变异常的表现形式，反映的是垂直形变信息。做为水准测量高差成果表中列入不能做为成果的“作废品”显然不妥，在技术总结中列表说明，有利于监测与分析研究的无缝连接，能够为分析预报人员提供重要的第一手监测信息资料。

DB/T 5—2015 中 8. 8. 2. 3 条款规定了区域水准测量应当按项目编制技术总结，编制技术总结包括作业组技术总结、实施部门技术总结和实施单位技术总结三个级别的技术总结。

并规定技术总结按 CH/T 1001 的规定编写，其含义是技术总结要有 CH/T 1001 规定的内容，不一定要按照它的“八股文”格式编写，不是要求一定要与 CH/T 1001 规定的格式完全一致，技术总结按 CH/T 1001 规定编写的要求是指技术总结的基本内容要满足 CH/T 1001 规定。各级地震水准测量管理部门已经形成了一套技术总结编写规定和格式，具有行之有效性，可以继续沿用。对于地震水准测量的技术总结和分析报告的作用和目的而言，是为地震预测预报分析和科研人员提供清晰明确的监测成果资料使用说明，要能够体现地震水准测量在地震监测预报中的作用。

CH/T 1001 规定的技术总结主要包括四个部分。

（1）概况。主要应当包括地震水准测量任务来源、任务内容（含区域地理）、任务量、完成情况、任务目标、任务、作业场地等情况；

（2）任务执行情况。主要应当包括作业技术依据文件名称（包括技术标准、规范和任务下达单位的技术补充规定等）、任务完成情况（含各类表格形式的统计图表）、执行技术标准情况、作业中出现的问题与解决（含遗留问题）情况、作业的教训与经验等；

（3）成果质量情况。主要包括每千米高差中数偶然中误差的地震水准测量精度统计、区段、测线和环线闭合差统计、测段的优良品率统计、同光段的重合站数统计等成果质量方面的统计情况，一般以表格形式给出的居多；

（4）成果资料归档（含纸介质和数据光盘）。仪器检查手簿、水准观测手簿、水准测量高差成果表、任务书（设计书或实施方案）、质量检查报告和技术总结（含作业组、施测部门（队级）和实施（管理）单位三级）。

区域水准测量的观测工作结束是指一个作业期野外水准观测完成，回到单位以前。在观测工作结束收测归队以前，要做好测段（含区段和测线）往返测高差不符值的计算和复算，由测段往返测高差不符值计算的每千米高差中数偶然中误差的计算，测段的几项改正（含水准标尺尺长改正、正常水准面不平行改正和重力异常改正等）计算，自行成环线或与其他作业组组成环线的环线闭合差计算，以及标尺弯曲差、i 角和 $2C$ 值的测后测定。

跨断层水准测量的观测工作结束是指完成一个作业期的野外观测，回到单位以前。跨断层水准测量在没有形成闭合环线的情况下，可以只进行标尺尺长改正，不进行测段正常水准面不平行改正和重力异常等项改正。这里不进行这两项改正就是因为水准测段在各期的计算结果基本上是一个不变的“常数”，在垂直形变分析高差之差时这个“常数”为零了，所以跨断层水准和台站水准都不必进行正常水准面不平行改正和重力异常等项改正，其他改正与区域水准相同。

台站水准测量的观测工作结束是指每天的野外观测回到台站以前，台站水准测量成果整理内容与区域水准和跨断层水准测量成果整理工作内容基本一致，但由于台站水准测量在观测频率上具有高频性质，使得观测成果资料的计算和应用上会有一些不同。大致有以下几个方面，一是往返测高差中数的偶然中误差计算上不同于区域水准和跨断层水准，台站水准的往返测高差中数偶然中误差计算使用两种计算公式，利用每条测线的往返测不符值按测线计算每月的测站往返测高差中数的偶然中误差 M_Z 和利用高差日均值的一阶差分 δ 计算每月的每千米往返测高差中数的偶然中误差 M_{km}；二是还需要计算每年的中误差；三是建立能够生成日均值、五日均值、月均值、年均值和成果表的数据库；四是偶然中误差 M_Z 和 M_{km} 超限只需要分析原因，不需要重测（也无法重测）；五是台站水准测量只做水准标尺长度改正，不做其他项目的改正；六是台站水准测量不仅要开展成果资料整理和技术总结编制，还要编制资料分析报告。

今后地震水准测量是否要求增加水准标尺温度改正和固体潮（含海潮负荷）等项改正，不仅需要看实际需求程度，还要有计算模型的科研成果支撑。随着仪器检定能力的增强和完善，尺长的温度改正肯定应当增加。有关固体潮改正、非潮汐和地表质量负荷等项改正，需要研究计算对具体的水准测线和场地的测段高差影响的量值，如果不同时期的改正量值有显著差别就需要考虑增加该项改正。是否在编制水准测量成果表阶段进行改正还是在资料分析阶段进行改正也有待研究确定，DB/T 5—2015 没有推荐这些计算改正。

地震水准测量成果检查等内容本不应当属于地震水准测量规范规定的内容，但从成果完整性与地震水准测量的关系上讲非常紧密，同时也没有相应的地震水准测量质量检查规范。因此 DB/T 5—2015 中 8. 8. 5 条款提出了地震水准测量成果检查要求，实施部门和实施单位应按规定进行质量检查并编写质量检查等相应报告。同样承担单位、实施部门和作业组的负责检查的人员要承担起检查的责任，不是简单地负责签字，而是能够确实起到负责检查审阅的作用。

DB/T 5—2015 中 8. 8. 6 条款规定了归档工作的要求，首先明确了是经过检查并符合要求的地震水准测量成果，通过清点整理并装订成册，编制目录，开列清单的资料整理方法，上交资料（档案）管理部门归档，形成地震水准测量基础技术资料档案。因此一定要按照归档的要求认真对待，确保地震水准测量资料的完整性。区域水准、跨断层水准和台站水准形成的归档资料虽然不尽相同，但归纳起来主要包括三类成果资料，一是观测资料。包括水准观测手簿和水准测量高差成果表；二是仪器检查资料。包括测前、测中和测后的所有仪器（含辅助观测仪器）检查手簿（资料）等；三是技术文件资料。包括任务书（设计书和实施方案）、技术总结和质量检查报告（含作业组、施测部门（队级）和实施（管理）单位三级）等完整的一套地震水准测量资料，归档资料按档案管理要求整理并上交归档。

DB/T 5—2015《地震水准测量规范》共有 6 个规范性附录，附录 A　地震水准测量选埋资料、附录 B　测段同光段重合观测站数计算、附录 C　一根标尺零点差的测定、附录 D　北京原点测量记录与计算示例、附录 E　全站仪倾角法跨河水准测量记录与计算示例和附录 F　地震水准测量成果表。实际上 GB/T 12897—2006《国家一、二等水准测量规范》的规范性附录中的附录 A 至附录 D 的相关内容也是 DB/T 5—2015 的规范性附录。规范性附录大部分是以图和表格形式给出的，具有明确的示范作用，能够起到统一地震水准测量作业的规范作用，是 DB/T 5—2015 的重要内容。

第6章　技术文件实例

地震水准测量技术文件是观测成果的一部分，是形成观测成果和档案资料不可或缺的重要组成部分。作为地震水准测量（包括设计、踏勘、埋石和观测）主管业务部门下达的工作任务书，实施单位针对工作任务制定实施方案，任务完成后编制的（三级）技术总结、资料分析报告、（二级）检查报告和工作总结等文书资料都属于技术文件内容。这里给出了部分技术文件实例供地震水准测量工作参考。

本章给出的技术文件实例中的一些内容也有待丰富和提高，如任务书规定了作业内容（含工作地、工作量、工作期、成果检查和资料归档等）、作业技术依据和资源配置（仪器设备和技术人员）等必要的任务内容，这种任务书的格式最初是为了适应 ISO 9000 质量认证的需要而制定的格式。任务书表格化具有清晰明了的特点，也是一种创新，作业单位可以根据各自单位要求和习惯格式编制，不一定以类似格式编制任务书并下达任务。实例中也存在一些问题，比如任务书中任务要求的内容中没涉及“实施地点”。又如主要设备、交通工具中提到了诸多工具性设备，但没有把测量工具“大锤”计入其中，使得记入的工具不完全或不完整。又比如任务书和实施方案对于尺桩的重量写成了 0. 5kg，与 DB/T 5—2015《地震水准测量规范》和 GB/T 12897—2006《国家一、二等水准测量规范》对于尺桩重量 1. 5kg 的要求相去甚远（经询这个错误是笔误，实际使用的是 1. 5kg 重量的尺桩）。如果主要设备、交通工具一栏中尺承和其他配套工具简单地写为“及辅助配套工具设备等”，既避免了疏漏的问题，又可以使任务书文稿简明且使得内容重点突出。其中也有一些值得借鉴和推广的工作方法和工作经验，比如区域水准测量实施方案对于作业地区的人文地理情况和可能遇到的民族风俗问题进行了说明，还开创性地应用了影像留有“痕迹”的记录手段，对于未测和丢失的水准点不仅需要文字记录和说明，还要进行拍照，确实是值得肯定的作法。实施方案中关于“数字水准仪作业期间要求各组在施测开始后的第 1 天至收测，每天检查仪器 i 角一次（使用记簿程序中的观测方法检查），并每天开测前应进行标尺、仪器圆水准器安置正确性的检验。测定 i 角时，在‘水准仪及水准标尺圆水准气泡的检验与校正表’中记录圆水准器的检校情况（每隔 5 天记录一次）”的要求。前面“要求各组在施测开始后的第 1 天至收测，每天检查仪器 i 角一次”，相比 DB/T 5—2015 更为严格，是针对数字水准仪在使用中 i 角的变化特性制定的要求，对于确实防止数字水准仪因 i 角超限造成大量返工是有益的。而后面“‘水准仪及水准标尺圆水准气泡的检验与校正表’中记录圆水准器的检校情况（每隔 5 天记录一次）”的要求就显得不相匹配。既然已经要求每天必须做仪器和标尺气泡的测定和检校工作，就理应记每天录一次（实际上也不麻烦），也能够留有水准仪及水准标尺圆水准气泡检校的“痕迹”。给出的技术文件实例可能还存在其他写作和编辑上的问题，作者没有进行任何改动或改编，只是对个别明显问题进行了删除和人名做了一些处理。当然有些“瑕疵”也是仁者见仁和智者见智的问题，可以相互学习和商榷。

6.1 任务书

1. 区域水准测网建设任务书

工 作 任 务 书

编号：ZYC/QR-10-030/A　　　　序号：1007

<table>
<tr><td>项目或（任务）
名称</td><td colspan="3">青藏高原东缘地区地壳垂直运动速度场加密监测研究专题测网建设</td><td>合同编号</td><td></td></tr>
<tr><td>主管部门</td><td colspan="3">科技监测处</td><td>负责人</td><td>宋××</td></tr>
<tr><td>实施部门</td><td colspan="3">监测二队</td><td>负责人</td><td>高××</td></tr>
<tr><td>质量管理部门</td><td colspan="3">质量管理处</td><td>负责人</td><td>楼××</td></tr>
<tr><td>任务内容
（实施地点、
工作量及工期等）</td><td colspan="5">（1）本次任务踏勘水准路线 17 条，合计里程 3779km，856 座水准点（详见附件 1），补埋水准标石约 275 座。
（2）2010 年 5 月 12 日开始作业，2010 年 10 月 31 日前完成野外作业，2010 年 11 月 30 日前上交资料。</td></tr>
<tr><td>执行的技术依据
（包括设计、
实施和检查）</td><td colspan="5">（1）《国家一、二等水准测量规范》（GB/T 12897—2006）。
（2）《区域精密水准测量技术文件汇编》，中国地震局，1996 年。
（3）《中国综合地球物理场观测——青藏高原东缘地区地壳垂直运动速度场加密监测研究专题测网建设工程设计书》，2010 年。
（4）《中国综合地球物理场观测——青藏高原东缘地区地壳垂直运动速度场加密监测研究专题测网建设实施方案》，一测中心，2010。</td></tr>
<tr><td rowspan="4">资源配置情况</td><td>小组数</td><td colspan="3">2</td><td rowspan="3">实施部门负责人：</td></tr>
<tr><td rowspan="2">作业员</td><td>工程师
以上人员</td><td>一般
技术人员</td><td>工人</td></tr>
<tr><td>3</td><td>3</td><td>4</td></tr>
<tr><td>主要仪器及设备
(包括交通工具)</td><td colspan="3">（1）华西牌轿车 2 辆。
（2）水准标石模型板 10 套（含指示盘、指示碑、小盖的模型板），木模型板 230 套。
（3）手持 GPS 接收机 2 个、地质罗盘 2 个、数码照相机 2 部。
（4）镐、铁锹、捣钎、铁板、水桶、钢卷尺、皮尺等工具。
（5）发电机、振捣棒。</td><td>日期：</td></tr>
<tr><td>备　注</td><td colspan="5"></td></tr>
</table>

编写者：　　　　审核者：　　　　批准者：

附件 1：

踏勘路线及标石补埋任务表

编号	线路号	起点地名	终点地名	点数（座）	长度（km）	起点点名	终点点名
1	2123	南涧	云县	40	171	Ⅰ下思 398	Ⅰ下思 100 基上
2	2128 2132	清华洞	永胜	45	200	金南 18	永大 1 基
3	2131	永胜	丽江	32	106	永大 1 基	金雄 23 乙上
4	2129	丽江	右所	34	156	金雄 23 乙上	雄下 17
5	3184	下关	保山	52	212	Ⅰ下保 1 基上	Ⅰ下保 52 基上
6	3170	下关	思茅	122	613	Ⅰ下保 1 基上	Ⅱ普车 10 乙上
7	2111	圈内	景谷	26	140	Ⅰ羊圈 16 基上	Ⅰ下思 456 基上
8	2112	大勐峨	圈内	22	89	Ⅱ大圈 1	Ⅰ羊圈 16 基上
9	2113	羊头岩	圈内	15	108	Ⅱ羊圈 2	Ⅰ羊圈 16 基上
10	2115	保山	大官市	4	20	Ⅰ下保 52 基上	Ⅱ大龙 1 基上
11	2118	龙陵	大官市	38	147	Ⅱ龙大 1 基上	Ⅱ大龙 1 基上
12	2119	瑞丽	龙陵	41	153	Ⅱ瑞丽 67 基上	Ⅱ龙大 1 基上
13	2039	普洱	墨江	33	160	Ⅱ清墨 94 基上	Ⅱ普墨 32 基上
14	2051	大过岭	勐醒	23	118	Ⅱ大勐 1	Ⅱ小勐 17 基上
15	2052	小勐养	勐醒	17	78	Ⅰ云思 226-1 基上	Ⅱ小勐 17 基上
16	3185	保山	镇康	127	539	Ⅰ下保 52 基上	Ⅰ云思 69-1 基上
17	3186	镇康	思茅	185	769	Ⅰ云思 69-1 基上	Ⅱ普车 10 乙上
合计				856	3779		

2. 区域水准测量任务书

工 作 任 务 书

编号：ZYC/QR-10-030/A　　　　序号：0905

<table>
<tr><td>项目或（任务）名称</td><td colspan="3">2009 年区域精密水准测量任务书</td><td>合同编号</td><td></td></tr>
<tr><td>主管部门</td><td colspan="3">科技监测处</td><td>负责人</td><td>宋××</td></tr>
<tr><td>实施部门</td><td colspan="3">监测二队</td><td>负责人</td><td>高××</td></tr>
<tr><td>质量管理部门</td><td colspan="3">质量管理处</td><td>负责人</td><td>楼××</td></tr>
<tr><td>任务内容
（实施地点、
工作量及工期等）</td><td colspan="5">辽西地区和首都圈部分路线计划施测 26 条水准路线（段）共约 2118km（详见附件 1）。
野外作业时间：
2009 年 5 月 19 日～2009 年 7 月 31 日（包括成果检查）。
资料归档时间：
2009 年 8 月 30 日前。</td></tr>
<tr><td>执行的技术依据
（包括设计、
实施和检查）</td><td colspan="5">（1）《国家一、二等水准测量规范》（GB/T 12897—2006）。
（2）《区域精密水准测量技术文件汇编》，中国地震局，1996 年。</td></tr>
<tr><td rowspan="4">资源配置情况</td><td>小组数</td><td colspan="3">5</td><td rowspan="4">实施部门负责人：

日期：</td></tr>
<tr><td rowspan="2">作业员</td><td>工程师
以上人员</td><td>一般
技术人员</td><td>工人</td></tr>
<tr><td>10</td><td>14</td><td>20</td></tr>
<tr><td>主要仪器及设备
（包括交通工具）</td><td colspan="3">水准测量使用德国蔡司厂生产的 Ni002A、Ni002 系列自动安平水准仪、DINI12 数字水准仪及与之配套的因瓦水准标尺。转点尺承采用 0. 5kg 重锥形尺桩或 5kg 重尺台。记簿采用 HP-200 或 PDA 掌上计算机。华西或红叶牌旅行轿车 5 辆。</td></tr>
<tr><td>备　注</td><td colspan="5"></td></tr>
</table>

编写者：　　　　审核者：　　　　批准者：

附件 1：

2009 年区域精密水准测量路线表

线号	路线名称	起止点名	测线长度（km）
901	半高线半遵段	半壁山（半大 1-2）—遵化（京昌 18 乙）	25.9
902	半大线	半壁山（半大 1-2）—大地（大青 1-2 基）	75.8
903	大青线	大地（大青 1-2 基）—青龙（大青 12 基）	35.9
904	平大线	平泉（Ⅰ京锦 48）—大地（大青 1-2 基）	87.8
905	京凌线平凌段	平泉（Ⅰ京锦 48）—凌源（Ⅰ凌绥 1-1 基）	85.6
906	凌绥线凌建段	凌源（Ⅰ凌绥-1-1 基）—建昌（Ⅰ凌绥 18-2 基）	79.1
907	凌绥线建绥段	建昌（Ⅰ凌绥 18-1 基）—绥中（Ⅰ沟绥 49）	88.2
908	建木线	建昌（Ⅰ凌绥 18-2 基）—木头凳（木秦 1 基）	68.7
909	青木线	青龙（大青 12 基）—木头凳（木秦 1 基）	65.5
910	木秦线	木头凳（木秦 1 基）—秦皇岛（Ⅰ山津 4Ⅱ）	96.3
911	绥津线绥山段	绥中（Ⅰ沟绥 49）—山海关（Ⅰ绥津 13 岩基）	60.9
912	绥津线山秦段	山海关（Ⅰ绥津 13 岩基）—秦皇岛（Ⅰ山津 4Ⅱ）	26.3
913	绥津线秦昌段	秦皇岛（Ⅰ山津 4Ⅱ）—昌黎（Ⅰ绥津 32 基）	49.0
914	沟绥线沟石段	沟邦子（Ⅰ沈沟 46 基）—石山（Ⅰ建石 75 基）	29.9
915	沟绥线石锦段	石山（Ⅰ建石 75 基）—锦州（Ⅰ沟绥 18-1 基）	41.3
916	沟绥线锦绥段	锦州（Ⅰ沟绥 18-1 基）—绥中（Ⅰ沟绥 49）	125.1
917	扣清线扣阜段	扣河子（扣清 1 基）—阜新（Ⅰ扣清 21-1 基）	82.7
918	扣清线阜清段	阜新（Ⅰ扣清 21-1 基）—清河门（Ⅰ建石 54 基）	42.2
919	建石线清石段	清河门（Ⅰ建石 54 基）—石山（Ⅰ建石 75 基）	80.0
920	赤凌线凌建段	凌源（Ⅰ凌绥 1-1 基）—建平（建石 1 基）	34.8
921	建石线建朝段	建平（建石 1 基）—朝阳（Ⅰ朝锦 1-1 基）	85.6
922	朝锦线	朝阳（Ⅰ朝锦 1-1 基）—锦州（Ⅰ沟绥 18-1 基）	115.6
923	建石线朝清段	朝阳（Ⅰ朝锦 1-1 基）—清河门（Ⅰ建石 54 基）	114.4
924	扣沈线扣库段	扣河子（扣清 1 基）—库伦旗（Ⅰ赤沈 86-1 基）	80.9
925	赤沈线库沈段	库仑旗（Ⅰ赤沈 86-1 基）—沈阳（哈沈 100 基）	222.8
926	沈沟线	沈阳（哈沈 100 基）—沟邦子（Ⅰ沈沟 46 基）	217.5
Σ			2117.8

3. 专项区域水准测量任务书

工 作 任 务 书

编号：ZYC/QR-10-030/A　　序号：1003

<table>
<tr><td>项目或（任务）名称</td><td colspan="4">青藏高原东缘地区地壳垂直运动速度场加密监测</td><td>合同编号</td><td></td></tr>
<tr><td>主管部门</td><td colspan="4">科技监测处</td><td>负责人</td><td>宋××</td></tr>
<tr><td>实施部门</td><td colspan="4">监测二队</td><td>负责人</td><td>高××</td></tr>
<tr><td>质量管理部门</td><td colspan="4">质量管理处</td><td>负责人</td><td>楼××</td></tr>
<tr><td>任务内容
（实施地点、
工作量及工期等）</td><td colspan="6">此项任务为地震行业科研专项，中国综合地球物理场观测——青藏高原东缘地区地壳垂直运动速度场加密监测研究专题水准测量，18 条一、二等水准路线，共约 2952.8km（详见附件 1）。
野外作业时间：
2010 年 3 月 20 日~2010 年 6 月 30 日（包括成果检查）。
资料归档时间：
2010 年 8 月 30 日前。</td></tr>
<tr><td>执行的技术依据
（包括设计、
实施和检查）</td><td colspan="6">（1）《国家一、二等水准测量规范》（GB/T 12897—2006）。
（2）《区域精密水准测量技术文件汇编》，中国地震局，1996 年。
（3）《青藏高原东缘地区地壳垂直运动速度场加密监测技术设计书》，中国地震局第二监测中心，2010 年。</td></tr>
<tr><td rowspan="4">资源配置情况</td><td>小组数</td><td colspan="3">8</td><td colspan="2" rowspan="4">实施部门负责人：

日期：</td></tr>
<tr><td rowspan="2">作业员</td><td>工程师
以上人员</td><td>一般
技术人员</td><td>工人</td></tr>
<tr><td>12</td><td>14</td><td>54</td></tr>
<tr><td>主要仪器及设备
（包括交通工具）</td><td colspan="3">水准测量使用德国蔡司厂生产的 Ni002A、Ni002 系列自动安平水准仪及与之配套的因瓦水准标尺。转点尺承采用 0.5kg 重锥形尺桩或 5kg 重尺台。记簿采用 HP-200 或 PDA 掌上计算机。华西或全顺牌旅行轿车 8 辆、霸道 1 辆。</td></tr>
<tr><td>备　注</td><td colspan="6"></td></tr>
</table>

编写者：　　审核者：　　批准者：

附件1：

青藏高原东缘地区地壳垂直运动速度场加密监测路线表

序号	线号	路线名	起点	终点	路线经过地	距离（km）
1	101	Ⅰ热瓦线	2008（热当坝）	2096（瓦切）	若尔盖→红原	180.7
2	102	Ⅰ瓦龙线	2096（瓦切）	2016（龙日坝）	红原北→红原南	92.7
3	103	Ⅰ阿龙线	2014（阿坝）	2016（龙日坝）	阿坝→红原	108.1
4	104	Ⅰ阿炉线	2014（阿坝）	炉霍连续运行基准站	阿坝→壤塘→炉霍	334.3
5	105	Ⅰ龙成线	2016（龙日坝）	Ⅰ龙成54基（09）	红原→理县→汶川	277.9
			Ⅰ龙成54基（09）	Ⅰ龙成76基（09）	汶川→都江堰	122.9
			Ⅰ龙成76基（09）	Ⅰ龙成88（09）	都江堰→郫县→成都	47.1
			Ⅰ龙成88（09）	Ⅰ绵成39基（09）	成都西北→成都北	16.4
6	106	Ⅰ炉新线	炉霍连续运行基准站	2047（新都桥）	炉霍→道孚→康定	213.6
7	107	瓦广线2	瓦广66基（09）	瓦广106（09）	平武→青川→广元	227.4
8	108	Ⅱ白云线	瓦广66基（09）	Ⅱ白云1基	平武东南	6.8
			Ⅱ白云1基	Ⅱ云绵1基	平武→北川	73.0
9	109	Ⅱ茂云线	茂县（2117）	Ⅱ茂云30（09）	茂县→北川	123.1
			Ⅱ茂云30（09）	Ⅱ云绵1基	北川南→北川东北	33.5
10	110	Ⅱ云绵线	Ⅱ云绵1基	绵阳2035	北川→江油→绵阳	92.8
11	111	Ⅱ茂汶线	茂县（2117）	Ⅰ龙成54基（09）	茂县→汶川	37.2
12	112	Ⅱ罗都线2	Ⅱ茂云30（09）	Ⅱ罗都13基	北川→安县	26.2
			Ⅱ罗都13基	Ⅰ龙成76基（09）	安县→绵竹→什邡→彭县→都江堰	177.0
13	113	绵成线2	绵阳2035	Ⅰ绵成39基（09）	绵阳→德阳→广汉→新都→成都	159.6
14	114	成雅线2	Ⅰ龙成88（09）	Ⅰ成雅17（09）	成都→温江	13.5
			Ⅰ成雅17（09）	雅安2033	温江→崇庆→大邑→邛崃→蒲江→名山	145.8
16	117	Ⅰ雅西线	雅安2033	汉源2140	名山→雅安→荥经→汉源	162.5
17	120	Ⅱ汉乌线	汉源2140	乌斯河2169	汉源→甘洛	52.6
18	121	Ⅱ乌泸线	乌斯河2169	泸沽2181	甘洛→越西→西德→冕宁	228.1
Σ						2952.8

4. 跨断层水准测量任务书

工 作 任 务 书

编号：ZYC/QR-10-030/A　　　　序号：0906

<table>
<tr><td>项目或（任务）名称</td><td colspan="3">2009年跨断层综合观测场地水准测量任务书</td><td>合同编号</td><td></td></tr>
<tr><td>主管部门</td><td colspan="3">科技监测处</td><td>负责人</td><td>宋××</td></tr>
<tr><td>实施部门</td><td colspan="3">监测二队</td><td>负责人</td><td>高××</td></tr>
<tr><td>质量管理部门</td><td colspan="3">质量管理处</td><td>负责人</td><td>楼××</td></tr>
<tr><td>任务内容
（实施地点、
工作量及工期等）</td><td colspan="5">分布在山东、北京、河北的郯城、维坊、蔚县、南口、大厂的5处跨断层综合观测场地水准测量共约280km（详见附件1）。
野外作业时间：
2009年6月5日~2009年7月15日（包括成果检查）。
资料归档时间：
2009年7月31日前。</td></tr>
<tr><td>执行的技术依据
（包括设计、
实施和检查）</td><td colspan="5">《流动形变监测系统——跨断层综合观测场地坐标测定技术方案》，（中国地震局，2005年4月）。</td></tr>
<tr><td rowspan="4">资源配置情况</td><td>小组数</td><td colspan="3">2</td><td rowspan="4">实施部门负责人：

日期：</td></tr>
<tr><td rowspan="2">作业员</td><td>工程师
以上人员</td><td>一般
技术人员</td><td>工人</td></tr>
<tr><td>6</td><td>8</td><td>8</td></tr>
<tr><td>主要仪器及设备
（包括交通工具）</td><td colspan="3">水准测量使用德国蔡司厂生产的Ni002A、Ni002系列自动安平水准仪、DINI12数字水准仪及与之配套的因瓦水准标尺。转点尺承采用0.5kg重锥形尺桩或5kg重尺台。记簿采用HP-200或PDA掌上计算机。华西或红叶牌旅行轿车2辆。</td></tr>
<tr><td>备　注</td><td colspan="5">不要求测上下点，不联测。</td></tr>
</table>

编写者：　　　　审核者：　　　　批准者：

附件 1：

2009 年跨断层综合观测场地水准测量路线表

线号	场地名称	起止点名	测线长度（km）
927	郯城场地	郯城 1S—郯城 19S	48.6
928	潍坊场地	潍坊 1S—潍坊 19S	55.4
929	蔚县场地	蔚县 1S—蔚县 24E	59.6
930	大厂场地	大厂 1S—大厂 19S	60.0
931	南口场地	南口 1S—南口 19S	60.0
Σ			283.6

6.2　实施方案

地震监测系统运维实施方案

1　任务概述

本次测量任务来自中心下达的“地震监测系统运维”项目 2018 年区域精密水准测量任务书。测区范围为东经 111.5°~115.1°、北纬 38.9°~41.2°，主要分布在山西、内蒙古、河北等省及自治区境内。拟通过晋冀蒙地区区域精密水准观测获取该地区地壳垂直形变观测数据，结合前期已有水准观测资料，处理获取该地区垂直形变场动态变化信息，为强震孕育的动力学背景和大陆动力学研究提供重要基础信息。测区内近几十年来发生过 1976 年和林格尔 6.2 级地震、1989 年大同 6.0 级地震、1998 年张北 6.2 级地震等中强地震，至今地震平静期已达 20 年之久，且中国地震局 2018 年度会商将该地区列为危险区，对于该区域施测有利于震情跟踪；同时，测区内张家口市为 2022 年冬奥会主办城市，对该地区加强观测，获取该地区垂直形变场及其演化过程对于震情研判、服务奥运具有重要意义。

根据“地震监测系统运维——2018 年区域精密水准测量”项目任务书总体进度安排，2018 年监测二队需完成 20 条水准路线和 1 个 GNSS 连续站联测任务，约 1980.7km（表 1、表 2）。

表 1　区域精密水准测量任务表

序号	路线号	路线名	起始点	终点	路线长度（km）
1	801	化涞线	Ⅰ大宣 36 基	涞高 1 基	142.4
2	802	团化线团怀段	集团 30S	团化 25 基	90.2
3	803	团化线怀化段	团化 25 基	Ⅰ大宣 36 基	64.7
4	804	团张线	集团 30S	哈宣 35S	97.4

续表

序号	路线号	路线名	起始点	终点	路线长度（km）
5	805	哈宣线张张段	哈宣 35S	哈宣 50 基	64.2
6	806	哈宣线张宣段	哈宣 50 基	包京 115 甲	33.6
7	807	大红线	大山 1 基（2012）	红涞 1-2 基	211.8
8	808	大宣线大化段	大山 1 基（2012）	Ⅰ大宣 36 基	153.1
9	809	大宣线化宣段	Ⅰ大宣 36 基	包京 115 甲	67
10	810	呼大线丰大段	呼大 41S	大山 1 基（2012）	66.4
11	811	红涞线	红涞 1-2 基	涞高 1 基	32.9
12	812	阳红线	大榆 45-2 基	红涞 1-2 基	193.3
13	813	和大线	呼和 18 基	大山 1 基（2012）	181.8
14	814	呼和线	呼和 1 基（2012）	呼和 18 基	44.9
15	815	锡呼线	呼集 3 基（2012）	呼和 1 基（2012）	17.6
16	816	山榆线	和山 76S	大榆 45-2 基	70.9
17	817	大山线	大山 1 基（2012）	和山 76S	103.6
18	818	呼集线	呼集 3 基（2012）	集团 1 基	162
19	819	集丰线	集团 1 基	呼大 41S	97.1
20	820	集团线	集团 1 基	集团 30S	85.8
合计					1980.7

表 2　陆态网络基准站联测任务表

序号	联测路线号	点名	经度（°）	纬度（°）
1	821	SXDT	113.39	40.12

2　测区（作业区）自然地理概况和已有资料情况

2.1　测区（作业区）地理及气候概况

作业区整体位于鄂尔多斯块体及周缘地区，属于青藏高原东北部，欧亚板块和印度板块汇聚、消减、相互作用的边缘地带。特殊的构造部位和强烈的地壳运动，使得该地区地震频度高、强度大、分布广，成为中国大陆内部地震活动最显著的区域之一。从地貌上看，测区东部为太行山脉，中部为山西高原、汾河谷地，西部为吕梁山脉，北面为阴山山脉，南面为中条山。区内地质构造复杂，活动性较强，包括吕梁山地块、延庆—大同—太原盆地构造带、太行山地块 3 个构造单元。测区气候特征为典型的北亚热带、南温带、中温带立体气候分布，年降雨量较少，平均为 400~600mm。

2.2　测区（作业区）人文及交通概况

测区道路状况以国道、省道为主，也有部分测线为县乡道。测区部分地区是少数民族

（蒙古族）聚居地，治安状况良好，通讯比较方便。

2.3　已有资料情况

一测中心于 2002、2005、2006、2013、2015 年对该地区施测，其中 2006 年、2013 年为全网复测，历史资料资料可靠、齐全。

3　引用文件（或作业依据）

（1）《国家一、二等水准测量规范》（GB/T 12897—2006）；

（2）《区域精密水准测量技术文件汇编》，国家地震局，1996 年；

（3）《2018 年区域精密水准测量技术设计》，一测中心，2018 年；

（4）《2018 年区域精密水准测量任务书》，一测中心，2018 年；

（5）记录软件和计算软件采用地震科技星火攻关项目（XH11039）研发的精密水准测量外业记录和资料处理软件；

（6）《一测中心预算管理办法》，一测震［2012］40 号；

（7）《地震水准测量规范》（DB/T 5—2015）；

（8）《地震监测工作管理办法（试行）》，一测中心，2016 年；

（9）《关于加强交通安全教育工作通知》，一测震［2014］40 号。

4　成果主要技术指标和规格

根据《国家一、二等水准测量规范》和《区域精密水准测量技术文件汇编》中的要求制定如下目标：

（1）观测成果优良率不低于 90%；

（2）每公里偶然中误差不大于±0.45mm。

5　技术设计方案

5.1　软、硬件（仪器设备）配置

本次任务投入设备如表 3 和表 4。

表 3　2018 年区域精密水准测量设备配备表

<table>
<tr><th rowspan="2">组号</th><th colspan="2">仪器</th><th colspan="2">标尺</th><th colspan="2">记簿器</th><th colspan="2">汽车</th></tr>
<tr><th>型号</th><th>仪器号</th><th>型号</th><th>标尺号</th><th>型号</th><th>序列号</th><th>型号</th><th>车牌号</th></tr>
<tr><td rowspan="2">201</td><td rowspan="2">DINI03</td><td rowspan="2">736280</td><td rowspan="2">条码式
因瓦标尺</td><td>14204</td><td rowspan="2">兰德
M73E</td><td rowspan="2">0075041303265</td><td rowspan="2">全顺</td><td rowspan="2">津 B12812</td></tr>
<tr><td>14205</td></tr>
<tr><td rowspan="2">205</td><td rowspan="2">DINI12</td><td rowspan="2">702822</td><td rowspan="2">条码式
因瓦标尺</td><td>37760</td><td rowspan="2">兰德
M73E</td><td rowspan="2">0075041303279</td><td rowspan="2">全顺</td><td rowspan="2">津 BT5101</td></tr>
<tr><td>37762</td></tr>
<tr><td rowspan="2">207</td><td rowspan="2">DINI03</td><td rowspan="2">735139</td><td rowspan="2">条码式
因瓦标尺</td><td>37679</td><td rowspan="2">兰德
M73E</td><td rowspan="2">0075171512147</td><td rowspan="2">全顺</td><td rowspan="2">津 BH9033</td></tr>
<tr><td>37685</td></tr>
<tr><td rowspan="2">208</td><td rowspan="2">DINI03</td><td rowspan="2">708222
708241</td><td rowspan="2">条码式
因瓦标尺</td><td>12338/12340</td><td rowspan="2">兰德
M73E</td><td rowspan="2">0075201713817
0075051303195</td><td rowspan="2">全顺</td><td rowspan="2">津 B12825</td></tr>
<tr><td>52560/52562</td></tr>
</table>

表 4　2018 年区域精密水准测量各组装备表

装备名称	数量	备注
计算机	1 台	含接记簿器连接相关软件
灶头	1 个	
煤气罐	1 个	
高压锅	1 个	
手持 GPS	1 个	
数码照相机	1 个	
自行车	3 辆	
尺台	4 个	
充电器	2 个	
连接线	2 根	
备用电池	2 块	
测距轮	1 辆	测绳、皮尺、钢卷尺

5.2　技术路线（作业流程）

根据综合地球物理场 2018 年的工作部署，一测中心对此次水准测量工作非常重视，将各级责任落实到人，并制定严格的工作流程。具体工作流程见图 1，相关责任人如表 5。

表 5　相关责任人职责分工

责任人	职责
（单位分管领导姓名）	项目总负责
（科技监测处负责人姓名）	项目业务管理
（质量管理处负责人姓名）	项目质量管理
（发展与财务处负责人姓名）	项目财务管理
（科技信息室负责人姓名）	项目档案管理
（项目部门负责人姓名）	负责项目全面管理等工作
（项目实施负责人姓名）	实施部门管理、质量监督、过程检查

根据任务情况制定了项目实施流程，流程图如图 1。

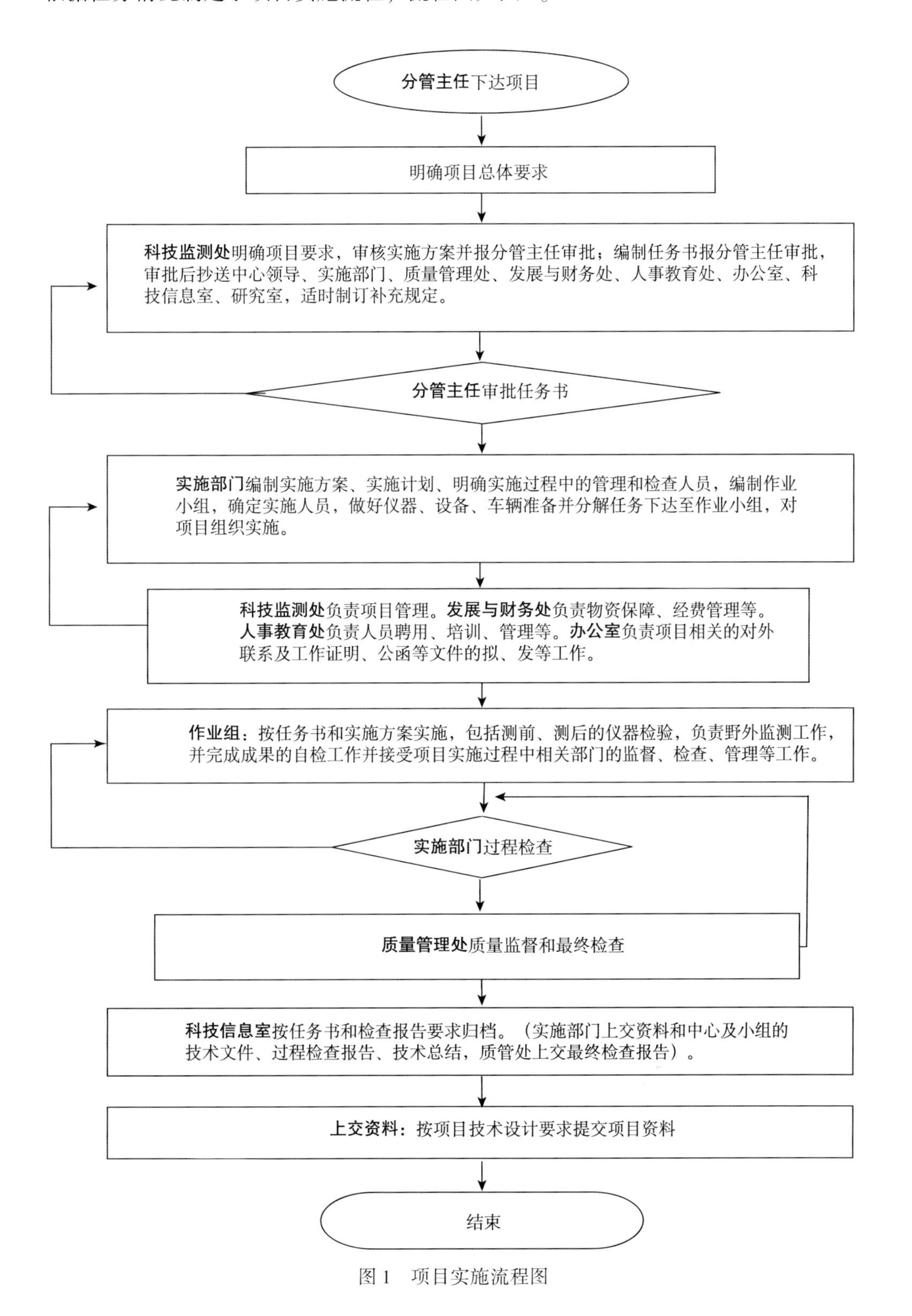

图 1　项目实施流程图

5.3 作业方法

5.3.1 作业方法

(1) 区域精密水准测量按照国家一等水准测量要求实施。

(2) 陆态网络基准站联测按照国家一等水准测量要求实施。

5.3.2 技术指标和要求

(1) 本次监测任务使用德国蔡司厂生产的 Ni002A 或 Ni002 补偿式自动安平水准仪及其配套的线条式因瓦水准标尺和天宝 DINI12 或 DINI03 型数字水准仪及配套条码式因瓦标尺，按《地震水准测量规范》要求对每个测段进行往返观测；观测过程中，测站间以特制的重 0.5kg 锥形铁质尺桩或 5kg 重铁质尺台作为转点尺承，特殊情况可以使用铆钉。

(2) 记录软件和计算软件采用地震科技星火攻关项目（XH11039）研发的精密水准测量外业记录和资料处理软件。现场采集的原始数据采用经中心科技监测处认可的程序生成水准观测手簿、外业高差表、成果及精度统计表、正高改正及中误差计算表、重力改正计算表等。

(3) 光学水准仪作业期间要求各组在施测开始后的第 1 天至第 7 天，每天检查仪器 i 角一次，待仪器 i 角稳定后，每隔 15 天检查一次。每天开测前应进行标尺、仪器圆水准器安置正确性的检验。测定 i 角时，在“水准仪及水准标尺圆水准气泡的检验与校正”表中记录圆水准器的检校情况。

(4) 数字水准仪作业期间要求各组在施测开始后的第 1 天至收测，每天检查仪器 i 角一次（使用记簿程序中的观测方法检查），并每天开测前应进行标尺、仪器圆水准器安置正确性的检验。测定 i 角时，在“水准仪及水准标尺圆水准气泡的检验与校正表”中记录圆水准器的检校情况（每隔 5 天记录一次）。

(5) 区域精密水准测量的所有观测路线在 2012 年度已进行了踏勘和补埋。因此，在观测过程中对丢失的各类型点位不再进行补埋，但要对丢失点需拍摄远、近景照片。

因水准点丢失或破坏，造成测段超过 7km 时，如有其他测绘单位埋设的正规水准点，可作为普通水准点串测在路线内，要求绘制水准点点之记草图。当水准点点之记图上的地形地物与实地相比变化较大时应重新绘制点之记草图。点名按实际的点名输入，点之记草图要求野外当场绘制，点位附近的主要地形地物都要绘入图中，栓距点至少要 3 个以上，栓距丈量（读至 0.1m）应经两次复核确认，栓距点的编号从北顺时针旋转第 1 个栓距点为编号 1，第 2 个栓距点为编号 2，依次类推。点之记中的图幅号按 GB/T 13989—92《国家基本比例尺地形图分幅和编号》填写 1 : 100000 的图幅号。点之记的备注栏内应尽量填写上点位向导。收测后用绘图软件或办公软件重绘点之记，同观测资料一起上交。

(6) 间歇时必须埋设 3 个尺桩或其他比较稳定的 3 个固定点做为间歇点，禁止在柏油路面上打帽钉做为间歇点间歇。

(7) 当测段不符值超限时，只有完成了该区、分段的所有往测和返测以后，才能对该区、分段中的超限测段重测。

(8) 同光段（重站率）不能超过测段总站数的 20%。

(9) 对水准路线进行分区段观测时，当区段距离小于 20km 时，可跨越相邻的基本点进行观测，但跨越后的区段距离不得超过 50km。

（10）观测过程中对点位信息应严格按照点之记中所提供的信息进行输入。其附加点名点号不予输入，只需后期打印手簿时在手簿备注栏中加以说明。路线编号应严格按照任务书提供的编号执行。

（11）监测队对区域精密水准测量路线中构成的闭合环，要进行拼环工作，全部环线闭合差符合限差要求后作业组才能离开测区。

（12）水准路线中需穿越桥梁和隧道的特殊测段，允许采用不同类型仪器进行观测（注：同一测段仪器类型必须相同），并可采用夜间观测程序进行观测，但必须在手簿中相应的测段中加以说明；两条测线经过同一桥梁或隧道时，桥梁或隧道可只施测一个往返作为两条测线的成果。

（13）在作业过程中，对相邻两点间距离小于6km的测段不允许设固定点，大于10km的测段必须采用固定点进行分段观测。

①重测时不得增、减固定点。

② 固定点的命名。采用的固定点应以本测段小号点的点名点号加G表示，如：[Ⅰ呼集3基G]。

③ 固定点的信息采集必须采用手持GPS现场测定（WGS-84坐标），并绘制固定点点之记，其要求同本节（5）。

④ 采用固定点后，测段号为原测段号、原测段号增1，例如：原测段号为“006”，则采用固定点前后测段为“006、007”。以后测段号为“008、010、……”。固定点编入高差概算表中。

（14）在作业过程中，应对水准路线中GPS点和基本点进行上下标志联测（已有上下标志观测成果资料的GPS点和基本点，不进行上下标志联测）。有上下标志测点时，在录入点名时应在原点名后加“上”或“下”。

（15）作业过程中若发现水准路线的结点或接点被破坏或丢失，应及时上报实施单位主管部门，确定新结点。

（16）在作业过程中因特殊情况需要更换仪器时，对更换下来的仪器按规范要求必须及时进行i角和$2C$值（光学仪器）的检查，如因仪器故障确实无法对这两项进行检查，应及时报告实施单位主管部门。同时对新更换的仪器也应按规范要求进行检验。

（17）建立月报制度。在实施过程中，各作业组每半月向监测队以表格形式上报施工进度、质量及实施过程中的特殊情况。以便监测队及时处理并上报监测处和质量管理处。

（18）“水准测量外业高差与概略高程表”按照《国家一二等水准测量规范》中的式样执行。

（19）在野外测量时要着中心下发的服装，拍摄一定数量的工作照片。

注意事项：

作业人员必须严格按照《地震水准测量规范》和《区域精密水准测量技术文件汇编》中的各项技术规定进行作业，严禁任何弄虚作假行为。注意：

（1）观测手簿编号规则：小组号（三位）加手簿编号（2位），如20101。

（2）测段观测条件必须现场输入，严禁提前。

（3）测站读取上下丝时，要认真仔细，严禁粗枝大叶、印象读数、人为凑整。

（4）记簿员严禁在观测员未读出辅助分划大数前输入。禁止将观测员所读数据加以改动再输入，违者一经查出，即视为造假，并按中心规定严肃处理。

（5）严禁在观测过程中以任何方式人为增加标尺读数。

（6）在任何情况下不得以手工记录测站读数。

（7）实施过程中遇到特殊情况改变计划要先请示监测队领导，方可执行。

6　人员配置及进度安排

6.1　人员配置

根据单位实际情况及任务情况，本次施测组织 4 个作业组。作业小组人员组成如表 6。

表 6　作业人员表

组号	组　长	主 要 成 员	司　机
201	刘××	李××、曲××	外聘
205	张××	何××	李××
207	郭××	邢××、刘××	外聘
208	刘××	刘××、孙××、李××、刘××	徐××

作业组任务分配情况见表 7。

表 7　201 组任务情况表

组号	线名	起始点	终点	路线长（km）	线号	中误差计算
201	大红线	大山 1 基（2012）	红涞 1-2 基	211.8	807	
	大宣线大化段	大山 1 基（2012）	Ⅰ大宣 36 基	153.1	808	
	大宣线化宣段	Ⅰ大宣 36 基	包京 115 甲	67.0	809	
	呼大线（丰大段）	呼大 41S	大山 1 基（2012）	66.4	810	
	大同 GPS（SXDT）	大同基岩点	SXDT	3.6	821	
	合计：498.3km					

表 8 至表 10 略。

6.2　进度安排

2018 年 5 月 20 日前上报实施部门实施计划。

2018 年 9 月 10 日前完成全部野外观测工作（包括过程检查）。

2018 年 11 月 30 日前完成检查验收及资料上交归档工作。

进度保障：

（1）监测队为保障任务按进度要求进行，为此次任务成立 4 个野外工作小组，在组织方面保障项目进度。

（2）野外小组开始工作后，小组及时向监测队汇报工作情况，监测队每半个月向中心分管领导和科技监测处汇报工作情况，各级管理部门及时了解野外工作状况，督促、监督、管理野外工作，在制度和管理方面保障项目进度。

（3）每个野外小组组成人员中，至少有一名多年从事水准观测、踏勘、埋石工作的技术骨干，在小组野外工作前进行技术培训，在人员组织和技术方面保障项目进度。

（4）做好各种仪器、设备、装备、车辆的准备工作和经费准备，在物资和经费方面保障项目进度。

（5）在野外工作期间注意防火、防盗；小组作业经费要有专人负责管理；注意饮食卫生，保证身体健康，小组作业期间，中午不得喝酒。

7　质量控制

7.1　质量管理组织

中国地震局第一监测中心是地震局系统首批通过 ISO9000 质量管理体系认证的单位之一，中心制定了完备的安全生产管理条例和质量管理方法，各实施部门严格履行本部门的职责。

成果质量是中心的生命线，严把成果质量关是我们每个作业员的职责。监测二队队长是该队成果质量第一责任人，监测组组长是该组成果质量第一责任人。科技监测处负责项目的管理，编写下达工作任务书，审核实施方案和技术总结，协调各参加部门工作和工作流程中的各项工作。质量管理处负责项目的质量管理、检查验收工作并编写检查报告，指导监测二队检查工作。监测二队是项目成果质量的第一负责部门，做好跟踪检查工作，编写技术设计书、计算成果资料、以及各项总结等。

7.2　人员培训

监测队对参加作业的全体人员出测前进行业务学习和培训。

7.3　质量控制措施

（1）监测队对参加作业的全体人员出测前进行业务学习和培训。

（2）各组出测时要仔细核对所配备的仪器、标尺型号及编号，仪检是否合格；观测过程严格规范要求实施。

（3）各作业组出测前应认真完成仪器的检查，作业过程中随时注意仪器的工作状况并按时做好相关检验，确保仪器处于良好的工作状态。

（4）小组观测成果实行 200% 自查制度，不允许只签名不检查。

（5）正确、客观地记载手簿中的全部内容（包括文字叙述，尤其是点名、经纬度、仪器号、标尺号等的输入）。

（6）不放过任何有疑问的问题，一旦发现问题，立即核实、处理并报监测队，必要时由监测队请专家落实。

（7）监测队和各小组应积极配合上级的检查工作。

（8）进一步落实成果质量举报制度，发现问题要及时向监测队报告，也可向科技监测处、质量管理处和中心领导汇报，以便及时查处。并对举报人进行奖励与保护。

（9）监测队对各作业组所测的内业资料做到 100% 的检查，外业实施过程做到 30% 的现场检查，并且要有检查记录。完善监测队观测过程检查办法，加强跟踪，加大野外检查力度。

（10）对违反作业规范（违规操作仪器设备、挪动尺台、铆钉间歇等），弄虚作假（印象读数、不如实填写辅助信息、冒名顶替、编造数据）等现象，一经发现严肃处理，并对相关人员进行相应的处分。

（11）实施过程中遇到特殊情况改变计划要先请示监测队领导，方可执行。

（12）建立月报制度。在实施过程中，各作业组每半月向监测队以表格形式上报施工进度、质量及实施过程中的特殊情况。以便监测队及时处理并上报监测处和质量管理处。

7.4 成果目标

根据《国家一、二等水准测量规范》和《区域精密水准测量技术文件汇编》中的要求制定如下目标：

（1）观测成果优良率不低于90%。

（2）每公里偶然中误差不大于±0.45mm。

8 安全保障

为保证本项目的顺利完成，保障全体作业人员的人身安全、仪器安全、资料安全、车辆安全、经费安全作如下规定：

（1）项目负责人负责安全的落实，项目主管部门负责安全监督。

（2）监测队负责人是项目实施部门安全责任第一人，对监测队的安全生产负责。各作业小组组长为本小组的安全员，对本小组的安全负责。

（3）各组驾驶员应注意“三检”，行车、停车均应遵守交通规则，确保行车安全，同时服从小组负责人的管理。

（4）每个工地离开前，应清点、检查资料（尤其是公函、点之记、地形图等）和工具，确认齐全。

（5）工作中需与有关部门和居民联系时，注意工作方法和文明用语，不能用不文明的语言，避免发生不必要的冲突。

9 应急预案

9.1 总体原则

把监测人员（包括现场雇用人员）的人身安全放在第一位，安全与质量并重，在特殊情况下可适当调整工作进度。

9.2 测区潜在风险

晋冀蒙地区由于其独特的地理环境、气候以及社会环境，主要存在恶劣天气影响下的自然灾害以及社会治安问题，因此本次观测可能存在一定风险，稍有不慎可能导致生命危险。工作风险主要有如下几点：

1. 自然灾害及极端恶劣天气

本次作业期在4~8月，恰逢大风、沙暴和暴雨灾害多发期，作业人员要做好应对大风、沙暴和暴雨的准备。及时关注当地的天气预报信息，规避大风、沙暴天气，不在恶劣天气下行车，根据天气情况及时调整观测计划。及时预判可能出现的瞬时大风，如遇大风或沙暴天气，开启双闪并低速行车，必要时应将车停在安全区避险，等待风暴的过去。

针对可能出现的天气灾害，作业组成员要及时查看天气情况，行车时多观察，尽量避免在恶劣和极端天气行车，如遇紧急情况，以职工安全为第一要务，适当调整作业进度。

2. 社会治安及暴恐风险

作业人员在与当地少数民族交往时应尊重其风俗习惯，不喝酒，不抽烟，低调行事，避免与当地群众发生矛盾。遇到密集人群不围观，不参与，不远离车辆，随时准备驾车躲避。如遇打砸抢烧、暴恐等严重的社会治安情况，不逞强，及时安排小组成员撤离现场或寻找躲避区域。在保障人身安全情况下，及时向单位、警方、政府通报情况。

3. 车辆严重受损

行车过程中遇到暴雨或各类地质灾害时，一定要经常下车观察路况，做到有备无患。出行前要尽量带上雨具、钢丝绳、铁锹，防止遇上雨水天气和车陷入泥、水坑。行车遇见泥石流、塌方时，立即将车停在地势较平坦、开阔的地方，尽量不要停靠在河、沟或山崖路边，防止泥水冲击或飞石。驾驶员与作业人员要时刻注意车辆情况，注意天气和路面状况，保障车辆行驶安全。在野外观测时，车辆安全是人员和仪器安全的保障。规范驾驶，时刻警惕，沉着冷静是驾驶员和作业人员需要时刻注意的问题。

4. 常见疾病预防

根据测区的工作任务和点位情况，结合测区的地理条件、交通情况、气候状况及人文环境，列出可能出现的疾病及应对措施。

1）高温中暑

夏季作业需做好高温防护，防止人员中暑，每天饮用藿香正气水。一旦发现人员有中暑症状，立即将人员移动至阴凉处。同时，解开衣物，用温水擦拭身体以达到降温的效果。如果情况严重，及时送医。

2）水土不服

初到外地因土质、水质不同可能会出现一系列原因不明的不适症状，如失眠、乏力、全身不适、头晕、胸闷、食欲减退、恶心、腹胀、腹痛、腹泻等，有时还会发生全身斑疹等过敏现象。这是因为生活环境如饮食、饮水、气候、地理环境的改变引起机体不适应而出现的一种暂时性的功能紊乱综合征。出现水土不服，要先吃点当地易于消化的食物，一方面对胃肠的刺激小，另一方面能够使肠胃慢慢适应当地的饮食。像豆腐这类的食物是克服水土不服理想的饮食。此外，粥类、片儿汤等流食和半流食也是易于消化的食物，对胃肠刺激小，应多吃。因饮食习惯改变而引起食欲不佳，可视情况尽可能多地吃些以前经常吃的主食、菜肴相同或相似的食物，不能拒食、偏食，并适量吃些当地的主要特色食物或风味食品，以逐步适应。另外，如果肠道反应比较严重，食欲不振，并伴有恶心、呕吐者，可适当地服用一些抗感染及助消化药，如黄连素、酵母片、山楂丸等。

一般几天后各种水土不服的症状就会自动消失。对于症状较轻的人，可以不用吃药，多吃些水果，少吃油腻，几天后就能恢复正常。如果水土不服的症状长久不消退的话，则及时请求医生帮助。

3）感冒

测区昼夜温差较大，很容易着凉并感冒，初到测区，要防止因受凉而引起的感冒。这时要切记，宁可热一点，不可冷一点，多穿衣服。因此应该注意随气温的变化添减衣物，提高自己的抵抗力。常备药物有：维生素 E、C（助免疫），抗病毒冲剂，清开灵口服液，头孢拉腚胶囊等。

4）腹泻

若有腹泻症状发生，则应该：卧床休息，进食易消化的稀软食物，避免刺激性食物，充分地补给水分，最好在温热开水中加少量的食盐饮用，也可饮用各种果汁饮料，不可饮用牛奶或汽水等。非感染性腹泻，可用复方苯乙哌啶、黄连素、痢特灵等；感染性腹泻应服用抗生素治疗。

9.3　尊重民族习惯和寺庙风俗

部分作业区处于少数民族（蒙古族）聚集地，因此作业人员须尊重当地少数民族的生活习俗和宗教信仰，避免与当地居民发生冲突 。

1. 内蒙古礼仪

（1）如在草原上遇见畜群，不管是汽车还是行人都要绕道走，不要从畜群中穿过，否则会被认为是对畜主的不尊重。

（2）进蒙古包要从火炉左侧走，坐在蒙古包的西侧和北侧，东侧是主人起居处，尽量不坐。进包后可席地而坐，不必脱鞋，不要坐在门槛上。

（3）主人斟茶时，若不想要茶，请用碗边轻轻把勺或壶嘴一碰，主人会明白你的用意。

（4）斟酒敬客，是蒙古族待客的传统方式，是表达草原牧人对客人的敬重和爱戴。通常主人将美酒斟在银碗、金杯或牛角杯中，托在长长的哈达之上，唱起动人的蒙古族传统的敬酒歌，客人若是推推让让，拉拉扯扯，不喝酒，就会被认为是对主人瞧不起。宾客应随即接住酒，接酒后用无名指蘸酒向天、地、火炉方向点一下，以示敬奉天、地、火神。不会喝酒不必勉强，可沾唇示意，表示接受了主人纯洁的情谊。

（5）哈达是蒙古族日常行礼中不可缺少的物品。献哈达时，主人张开双手捧着哈达，吟唱吉祥如意的祝词或赞词，渲染敬重的气氛，同时将哈达的折叠口向着接受哈达的宾客。宾客要站起身面向献哈达者，集中精力听祝词和接受敬酒。接受哈达时，宾客应微向前躬身，让献哈达者将哈达挂于宾客颈上。宾客应双手合掌于胸前，向献哈达者表示谢意。

（6）到牧民家做客，见老人要问安，须以“您”相称。不在老人面前通过，不坐其上位，未经允许不要与老人并排而坐。对小孩不可斥责或打骂。不要当着家人的面数说孩子生理缺陷。

（7）要是你是乘汽车到蒙古包的，要注意勒车上是否拴着马，要是拴着马不要贸然进入。

（8）到牧民家做客，主人首先会给宾客敬上一碗奶茶，宾客要用双手或者右手接，不能用左手去接。

2. 内蒙古禁忌

（1）禁忌在火炉上烤脚，更不许在火炉旁烤湿靴子和鞋子。不得跨越炉灶，或脚蹬炉灶，不得在炉灶上磕烟袋、摔东西、扔脏物。不能用刀子挑火、将刀子插入火中，或用刀子从锅中取肉。

（2）忌讳在河流中洗手或沐浴，更不许洗女人的脏衣物，或者将不干净的东西投入河中。所以牧民习惯节约用水，注意保持水的清洁，并视水为生命之源。

(3) 牧民家有重病号或病危的人时，一般在蒙古包左侧挂一根绳子，并将绳子的一端埋在东侧，说明家里有重患者，不待客。

(4) 蒙古族妇女生孩子时的忌讳。各地习俗大同小异。蒙古族妇女生孩子不让外人进产房。一般要在屋檐下挂一个明显的标志。生男孩子挂弓箭，生女孩则挂红布条。客人见标志即不再进入产房。

(5) 到牧民家作客，出入蒙古包时，绝不许踩蹬门槛。农区、半牧区的蒙古人也有此禁忌。

(6) 蒙古族忌讳生人用手摸小孩的头部。旧观念认为生人的手不清洁，如果摸孩子的头，会对孩子的健康发育不利。

(7) 到牧民家作客时，要在蒙古包附近勒马慢行，待主人出包迎接，并看住狗后再下马，以免狗扑过来咬伤人。千万不能打狗、骂狗，闯入蒙古包。

(8) 牧民虽好客，但作客的忌讳也比较多。客人进蒙古包时，要注意整装，切勿挽着袖子，把衣襟掖在腰带上。也不可提着马鞭子进去，要把鞭子放在蒙古包门的右方，并且要立着放。否则主人就会冷待客人，并认为客人不懂礼俗，不尊重民族习惯。

9.4 野外行车注意事项

(1) 出测前，首先配合服务中心做好司机的安全教育，提高司机的安全意识，并对车辆进行必要的整修、保养，使其处于良好的工作状态。

(2) 出测期间，小组成员要监督司机正常行车，绝对不能让司机酒后驾驶车辆。司机同志应自觉遵守交通规则，不违章，不开有安全隐患的车，中午不得饮酒（包括休息天），长途行车时不得疲劳驾驶车辆。车辆有故障时，应及时修理，小组应尽量提供人力协助司机进行车辆的维护和保养。

(3) 收测后，司机应及时保养车辆，有问题及时维修。

(4) 行车注意事项：

①行车要点。

地形复杂和天气多变，注意了解路况和天气情况。行车过程中遇到暴雨或各类地质灾害时，一定要经常下车观察路况，做到有备无患。出行前要尽量带上雨具、钢丝绳、铁锹，防止遇上雨水天气和车陷入泥、水坑。行车遇见泥石流、塌方时，立即将车停在地势较平坦、开阔的地方，尽量不要停靠在河、沟或山崖路边，防止泥水冲击或飞石。

a. 行车心态稳，莫心急。

b. 行驶陌生线路前，先了解道路情况和路途食宿点；通过少数民族地区时，须尊重其风俗习惯。

c. 控制车速。多数翻车事故原因是车速过快，来不及避让大坑与石块，甚至滑出公路。

d. 遇到特殊路段，应下车勘察道路情况，确认能够通行时再驾车通过。

②应急处置要点。

出行前要了解测线沿途天气状况，尽量避免大雨天或暴雨天小组搬迁，避免受到滑坡、泥石流危害。

如果不幸遇到了滑坡，首先要沉着冷静，不要慌乱。然后采取必要措施迅速撤离到安全地点。

a. 迅速撤离到安全的避灾场地。发现前方公路边坡有异动迹象，比如滚石、溜土、路面泥流漫流、树木歪斜或倾倒等，应立即减速或停车观察。确认山体滑坡并判断可能威胁自身车辆安全时，要尽快退让。来不及或无条件退让时应果断弃车逃避。要朝垂直于滚石或滑坡体滑动的前进方向跑避。切忌不要在逃离时朝着滑坡前进方向跑。更不要不知所措，面对滑坡灾难临近而不予避让。避灾场地应选择在斜坡缓而地面土石完整稳定，无流水冲刷的地段。千万不要将避灾场地选择在滑坡的上坡或下坡，以及松散土石构成的陡坡或者悬岩下。也不要未经观察，从一个滑坡区跑到另一个滑坡区或泥流危及区去。

b. 滑坡停止后，在道路被滑坡毁坏比较严重的地段，机动车无法通过，应原路返回找到能够提供补给的地方，再考虑改走其他线路。若出现滑坡而两头断路时，要有计划地使用食品、饮用水和燃料，等待政府组织的救援。

c. 在遇到轻微塌滑的情况时，可先探查前方道路是否能通行车辆。如经简单处理后能够通行，可处理后小心通过。若不能通行，不要强行通过。应原路折返，另寻它途。

d. 雨季驾车在山区作长途旅行，要备好食品、饮用水和燃料、照明灯具、雨具、简易开挖工具、绳索、常用药等，以备急需。

e. 如果发生了车辆被滑坡淹埋的情况，应从滑坡体的侧面开始挖掘救人。

如果阴雨天在山区行车时，为防避泥石流灾害，可采取以下措施：

a. 沿山间河谷路段行车途中，注意观察周围环境，特别留意凝听远处山谷是否传出如闷雷般的轰鸣声或火车行进的震动声，如听到要高度警惕，放慢车速，选择安全停车避让地段，这很可能是泥石流将至的征兆。

b. 不要在山谷和河沟底部路段停留，要选择平缓开阔的高地停车观察，不要将车停在有大量松散土石堆积的山坡下面或者松散填土路坡上。

c. 如不幸在阴雨天途中因故停留在河（沟）地带，当发现河（沟）中正常流水突然断流或洪水突然增大，并夹有较多的杂草、树木，都可以确认河（沟）上游已经形成泥石流。仔细聆听上游深谷内是否传来类似火车震动或打闷雷的声音，这种声音一旦出现，哪怕极微弱也应认定泥石流正在形成，应果断弃车出逃。不要躲在车上，这容易被掩埋在车厢内。应选择最短最安全的路径向沟谷两侧山坡或高地跑，切忌顺着沟谷奔跑；不要停留在坡度大、土层厚的凹处；不要上树躲避，因泥石流可扫除沿途一切障碍；避开河（沟）道弯曲的凹岸或地方狭小高度又低的凸岸；不要躲在陡峻山体下，防止坡面泥石流或滑坡、崩塌的发生。

③高温气候条件下行车。

a. 防中暑。气温高，驾驶员流汗多，精力消耗大，易中暑；应适当安排好休息时间，带齐水壶、毛巾和防暑药品。

b. 防疲劳驾驶。高温闷热，长时间驾车，容易疲劳。在行车过程中出现打瞌睡的预兆时，应立即停车休息。

c. 防爆胎。气温高会造成轮胎软化和胎压升高，在行驶中容易爆胎。要经常检查轮胎的气压和温度，若胎温过高，需将车停在阴凉处，对轮胎进行降温和降压。切勿采用放气减压或泼水降温措施。

d. 防“开锅”。要经常检查散热器的工作性能，定期清洁，使其保持良好散热功能。车辆行驶过程中应注意观察水温的变化，一旦出现“开锅”现象，应立即停车，待水温下降后再加注冷却水。

e. 防火灾。应经常检查各处电线和燃油管的接头，以防引发车辆火灾。同时在车上要保证灭火器等消防器材完好齐全。

④其他野外安全行车注意事项。

a. 思想重视、操作熟练、遵守交通规则是安全行车的重要保证。

b. 保持适当的车速，是安全行车的基础。

c. 行车时驾驶员必须经常注意观察各种仪表和警告装置的指示情况。通过嗅觉察觉有无橡胶、塑料、线圈、摩擦片等被烧焦的气味，通过听觉注意发动机和底盘部位有无异常响声，以便了解汽车部件的工作情况。

d. 长途行车时，中间要停车休息（连续驾驶不超 4 个小时）。停车休息时检查转向灯、转向横拉杆、直拉杆是否正常，制动鼓、轮胎是否发热，胎面花纹是否夹有石子，双胎间是否有砖块、石块等，以及制动件，传动件的紧固情况，货物的捆绑情况。

e. 禁酒后开车、禁疲劳驾驶、禁驾车时吸烟、禁驾车时接打手机、禁带情绪开车、禁服用兴奋剂或抑制型药物后开车。

9.5　保障措施

（1）建立值班制度，监测队成立任务指挥部，随时关注小组作业情况及当地天气状况，实行 24 小时值班。

（2）参加野外作业的人员上人身安全保险。

（3）组长要密切关注小组成员的身体状况，发现有不良反应的人要立即处理，必要时送医院治疗。

（4）每个组要增加一名作业员，主要任务是观察测线两边的山体动向。确定逃生路线，发现有滑坡、洪水迹象和飞石时迅速通知撤离。

（5）作业组在选择住宿时，要仔细观察房屋结构状况，房间的防盗设施，不住危房和高层楼房，保证住宿安全。

（6）各组要在作业车辆上长期配备饼干、方便面和饮用水，防止意外情况。车辆要保证有足够的油料（及时加油）。

（7）根据实际情况，积极开展自救。遇到应急情况，作业人员应首先积极自救，并及时向监测队汇报，必要时直接向中心领导报告相关情况。

①如发生交通事故出现人员伤亡的意外情况，随行人员立即拨打 110、120，未受伤或受伤较轻人员配合医护人员的交通警察做好相关工作，并及时通知监测队，也可直接报告中心领导。

②行车过程发生车辆严重受损失去动力的情况，就近向路过其他车辆求救，妥善安置好仪器、工作和生活装备，并及时向将情况通报监测队。

作业小组遇到突发的安全事件时，应第一时间报告监测队人员。

联系方式：

监测队电话：022-8494××××

队长手机：135××××××57

付队长手机：138××××××30

中心办公室：022-2439××××

10　资料归档

10.1　资料整理

根据《国家一、二等水准测量规范》和《区域精密水准测量技术文件汇编》中的要求整理相关资料。

10.2　资料上交

（1）“地震监测系统运维——2018 年区域精密水准测量项目”实施方案 1 份。

（2）水准仪及水准标尺检验手簿 1 份。

（3）水准测量手簿和观测数据各 1 份。

（4）水准测量外业高差与概略高程表一式 2 份。

（5）作业组技术总结各 1 份。

（6）监测队技术总结 1 份。

（7）实施部门和中心质量检查报告各 1 份。

（8）工作照片若干。

（9）记载以上内容的电子文档 2 份。

11　附录

区域水准路线图（略）

6.3　技术总结

作为技术总结应当有作业组（台站）技术总结、实施部门技术总结和管理部门技术总结三个层次，这里只给出一个台站（作业组）级技术总结的案例。其中作业依据没有 DB/T 5—2015《地震水准测量规范》，而依据的是老规范。这也说明了 DB/T 5—2015 还没有在基层的地震台站得到贯彻应用。

二〇一九年度唐山地震台水准测量技术总结

一、台站的自然地理特征、地质概况、所跨断裂情况

唐山地震台隶属于中国地震局第一监测中心，始建于 1978 年，位于唐山市路南区复兴路原第十中学院内，属于大地形变台站。台站场地地势平坦，通视良好，沿测线路面土质为夯实沙土，标石为基本混凝土标石。场地附近没有大规模地下水开采活动，受自然环境干扰较小。该场地的气候条件良好，比较适合地震监测工作。该场地年平均气温 13℃左右，秋、冬两季多为东北风，春、夏两季多为西南风，风级多为 4 级以下。每年晴天天数为 200 天左右，阴天所占比例不大。

1976 年唐山 7.8 级地震后，唐山市及其周围地区发生了以宏观总貌表现为唐山市东南部相对西北部有大约 0.5m 的下沉以及大约 1.2m 的右旋错动的巨大地壳形变。上述升降和错动形变大体上都以发震断层为交界面，由于深部形变和强烈地震波的共同作用，在震区形成了大量的总体走向为北东 30°～40°呈雁状排列的地裂缝，其中发震断层附近尤为明显。

唐山地震台处于地裂缝最为发育的典型地段，水准观测网跨越了被多数专家学者确认为 7.8 级地震主体发震断层的 5 号断层，由 4 个测站组成一条闭合测线，其中第二站和第四站跨越了此断层（图 1）。

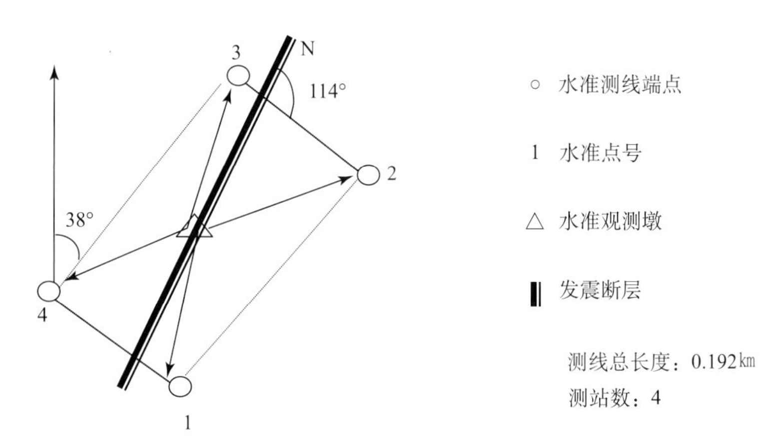

图 1　唐山地震台水准场地布设

二、参加作业人员姓名、职称及技术工作情况

（略）

台站工作人员均能熟练使用台站现有的测量仪器及与测量任务有关的电脑软件，能够准确无误地完成每天的测量任务。

三、作业所依据的规定及本年度作业情况

唐山地震台水准测量所依据的规范主要包括：

（1）国家地震局科技监测司制定的《大地形变台站测量规范》（短水准测量），1990 年 9 月。

（2）《大地形变台站测量规范》（短水准测量），补充规定、勘误表、评分办法，1991 年。

（3）中国地震局制定的《地震地形变数字水准测量技术规范》，2004 年 2 月。

（4）大地形变测量技术管理部制定的《台站水准测量观测资料评分补充规定》，2006 年 8 月。

（5）中国地震局监测司制定的中震测函［2015］127 号中的附件 3《地壳形变学科观测资料质量评比办法》，2015 年 10 月。

2019 年度完成任务情况：

在过去的一年中，唐山地震台的水准监测工作及仪器和标尺的检验工作均严格按照规范要求认真按时完成。

2019 年成果按时生成、打印、整理，装饰整洁，各项记录数据真实、计算正确、保存完整、填写齐全、字迹清晰整洁，符合规范要求。

四、在用仪器标尺情况，类型、号码、检验项目、作业中出现的问题及处理情况

2019 年间，水准测量所用仪器为天宝 DiNi 03 数字水准仪，编号为№734932。水准标尺为铟瓦条码标尺，编号为№14091、№14210（1 月 1 日 ~ 9 月 14 日使用），№13393、№13394（9 月 15 日~12 月 31 日使用），仪器和标尺的使用符合规范要求，均在有效期限内使用（详见 2019 年水准仪、标尺检验情况表）。

水准观测每天上下午各观测一次，上午进行往测，下午进行返测，作业时间符合要求（详见作业时间表）。水准测量的记录使用 M73E 数据采集器记录数据。然后传入计算机经过专门的程序处理、生成并打印手簿和月报表，所用程序是于 2013 年经中心科技监测处（原科技发展处）批准使用的。

作业时间表：

根据中心业务主管部门规定，本台作业时间采用的日出日落时间标准为天津市的日出日落时间，具体作业时间见表 1。

表 **1**　天津市日出日落时间

月份	日期区间	上午开始时间	上午结束时间	下午开始时间	下午结束时间
1 月	1~15	08：01	10：42	13：42	16：29
	16~31	07：59	10：51	13：51	16：43
2 月	1~15	07：49	10：55	13：55	17：01
	16~28	07：33	10：56	13：56	17：18
3 月	1~15	07：15	10：24	14：24	17：33
	16~31	06：52	10：20	14：20	17：48
4 月	1~15	06：27	10：10	14：10	18：04
	16~30	06：04	10：11	14：11	18：18
5 月	1~15	05：44	10：09	14：09	18：33
	16~31	05：28	10：08	14：08	18：47
6 月	1~15	05：17	09：40	14：40	19：01
	16~30	05：15	09：42	14：42	19：09
7 月	1~15	05：19	09：42	14：42	19：11
	16~31	05：28	09：48	14：48	19：07
8 月	1~15	05：41	09：48	14：48	18：54
	16~31	05：55	09：43	14：43	18：37
9 月	1~15	06：09	10：12	14：12	18：14
	16~30	06：23	10：06	14：06	17：50

续表

月份	日期区间	上午开始时间	上午结束时间	下午开始时间	下午结束时间
10 月	1~15	06：37	10：02	14：02	17：26
	16~31	06：51	09：58	13：58	17：03
11 月	1~15	07：08	09：55	13：55	16：42
	16~30	07：25	10：01	14：01	16：27
12 月	1~15	07：41	10：31	13：31	16：19
	16~31	07：54	10：37	13：37	16：20

本年度前及本年度仪器检验情况（表 2 至表 5）。

表 2　2019 年度前水准仪末次检验情况

类型编号	检 验 项 目	检 验 结 果	检 验 日 期
DiNi03 数字水准仪 No 734932	i 角之检验	$i'' = -3.95''$	2018. 12. 21
	水准仪一般检视	外观检验正常 通电试验符合要求	经常检视 每月 1 日记录
	水准仪圆水准器的检校	按要求校正正确	经常检视 每月 1 日记录
	补偿误差的测定	$\triangle a_1 = +0.11''/'$ $\triangle a_2 = -0.06''/'$ $\triangle a_3 = 0.00''/'$ $\triangle a_4 = -0.05''/'$	2018. 05. 16
	自动安平精度的测定	$m = \pm 0.23''$	2018. 05. 21~ 2018. 05. 22
	调焦透镜运行误差的测定和计算	$V_1 = -0.01$mm $V_2 = -0.02$mm $V_3 = +0.01$mm $V_4 = -0.03$mm $V_5 = +0.03$mm	2017. 05. 19
	磁致误差的测定	合格	2016. 12. 06
备注	各项检验均在规定期限内完成，所用水准仪符合使用要求。		

表3　2019 年度前水准标尺末次检验情况

<table>
<tr><th colspan="2">类型编号</th><th>检验项目</th><th colspan="5">检验结果</th><th>检验日期</th></tr>
<tr><td rowspan="18">铟瓦条码标尺</td><td rowspan="9">№14091
№14210</td><td>一副水准标尺零点差的测定</td><td colspan="5">一副水准标尺零点差：0.00mm</td><td>2018.03.24</td></tr>
<tr><td rowspan="2">水准标尺分划面弯曲差（矢距）之测定</td><td colspan="5">№14091：F=+1.0mm
№14210：F=+1.3mm</td><td>2018.02.15</td></tr>
<tr><td colspan="5">№14091：F=+0.4mm
№14210：F=+0.8mm</td><td>2018.08.14</td></tr>
<tr><td>水准标尺上圆水准器安置正确性的检验和校正</td><td colspan="5">居中</td><td>经常检视
每月 1 日记录</td></tr>
<tr><td>水准标尺的一般检视</td><td colspan="5">分划线清晰，圆气泡居中</td><td>经常检视
每月 1 日记录</td></tr>
<tr><td>水准标尺分划线每米分划间隔真长的测定</td><td colspan="5">№14091：1000.012mm
№14210：999.998mm
均值：1000.005mm</td><td>2018.08.27
（送检）</td></tr>
<tr><td rowspan="3">水准标尺中轴线与水准标尺底面垂直性的测定</td><td>a</td><td>a_1-a_2
（mm）</td><td>a_1-a_3
（mm）</td><td>a_1-a_4
（mm）</td><td>a_1-a_5
（mm）</td><td rowspan="3">2017.04.13</td></tr>
<tr><td>№14091</td><td>0.00</td><td>+0.01</td><td>+0.01</td><td>0.00</td></tr>
<tr><td>№14210</td><td>0.00</td><td>0.00</td><td>−0.01</td><td>0.00</td></tr>
<tr><td rowspan="9">№13393
№13394</td><td>一副水准标尺零点差的测定</td><td colspan="5">一副水准标尺零点差：+0.01mm</td><td>2018.03.24</td></tr>
<tr><td rowspan="2">水准标尺分划面弯曲差（矢距）之测定</td><td colspan="5">№13393：F=0.0mm
№13394：F=+0.7mm</td><td>2018.02.01</td></tr>
<tr><td colspan="5">№13393：F=+0.1mm
№13394：F=+0.5mm</td><td>2018.07.31</td></tr>
<tr><td>水准标尺上圆水准器安置正确性的检验和校正</td><td colspan="5">居中</td><td>经常检视
每月 1 日记录</td></tr>
<tr><td>水准标尺的一般检视</td><td colspan="5">分划线清晰，圆气泡居中</td><td>经常检视
每月 1 日记录</td></tr>
<tr><td>水准标尺分划线每米分划间隔真长的测定</td><td colspan="5">№13393：999.991mm
№13394：999.995mm
均值：999.993mm</td><td>2018.08.25
（送检）</td></tr>
<tr><td rowspan="3">水准标尺中轴线与水准标尺底面垂直性的测定</td><td>a</td><td>a_1-a_2
（mm）</td><td>a_1-a_3
（mm）</td><td>a_1-a_4
（mm）</td><td>a_1-a_5
（mm）</td><td rowspan="3">2017.04.13</td></tr>
<tr><td>№13393</td><td>0.00</td><td>0.00</td><td>−0.01</td><td>0.00</td></tr>
<tr><td>№13394</td><td>0.00</td><td>0.00</td><td>0.00</td><td>0.00</td></tr>
<tr><td colspan="2">备　注</td><td colspan="7">2018 年 1 月 1 日~9 月 14 日使用标尺为：№13393、13394；9 月 15 日~12 月 31 日使用标尺为：№14091、14210。</td></tr>
</table>

表 **4　2019** 年度水准仪检验情况

类型编号	检验项目	检验结果	检验日期
DiNi03 数字水准仪 №734932	i 角之检验	$i''=-1.79''$	2019.01.01
	i 角之检验	$i''=-0.41''$	2019.01.11
	i 角之检验	$i''=-0.89''$	2019.01.21
	…	…	…
	i 角之检验	$i''=-3.44''$	2019.12.01
	i 角之检验	$i''=+0.83''$	2019.12.11
	i 角之检验	$i''=-0.52''$	2019.12.21
	水准仪一般检视	外观检验正常 通电试验符合要求	经常检视 每月 1 日记录
	水准仪圆水准器的检校	按要求校正正确	经常检视 每月 1 日记录
	补偿误差的测定	$\Delta a_1=+0.06''/'$ $\Delta a_2=-0.05''/'$ $\Delta a_3=+0.10''/'$ $\Delta a_4=+0.01''/'$	2019.05.15
	自动安平精度的测定	$m=\pm0.27''$	2019.05.20
备注	各项检验均在规定期限内完成，所用水准仪符合使用要求。		

表 5　**2019 年度水准标尺检验情况**

<table>
<tr><th colspan="2">类型编号</th><th>检 验 项 目</th><th colspan="5">检 验 结 果</th><th>检 验 日 期</th></tr>
<tr><td rowspan="9">铟瓦条码标尺</td><td rowspan="9">№14091
№14210</td><td>一副水准标尺零点差的测定</td><td colspan="5">一副水准标尺零点差：0.03mm</td><td>2019.03.23</td></tr>
<tr><td rowspan="2">水准标尺分划面弯曲差（矢距）之测定</td><td colspan="5">№14091：F=+1.1mm
№14210：F=+1.2mm</td><td>2019.02.14</td></tr>
<tr><td colspan="5">№14091：F=+1.7mm
№14210：F=+2.2mm</td><td>2019.08.13</td></tr>
<tr><td>水准标尺上圆水准器安置正确性的检验和校正</td><td colspan="5">居中</td><td>经常检视
每月 1 日记录</td></tr>
<tr><td>水准标尺的一般检视</td><td colspan="5">分划线清晰，圆气泡居中</td><td>经常检视
每月 1 日记录</td></tr>
<tr><td>水准标尺分划线每米分划间隔真长的测定</td><td colspan="5">№14091：1000.012mm
№14210：999.998mm
均值：1000.005mm</td><td>2018.08.27
（送检）</td></tr>
<tr><td rowspan="3"></td><td></td><td></td><td></td><td></td><td></td><td rowspan="3"></td></tr>
<tr><td></td><td></td><td></td><td></td><td></td></tr>
<tr><td></td><td></td><td></td><td></td><td></td></tr>
<tr><td rowspan="9">铟瓦条码标尺</td><td rowspan="9">№13393
№13394</td><td>一副水准标尺零点差的测定</td><td colspan="5">一副水准标尺零点差：+0.02mm</td><td>2019.03.23</td></tr>
<tr><td rowspan="2">水准标尺分划面弯曲差（矢距）之测定</td><td colspan="5">№13393：F=−0.2mm
№13394：F=+0.5mm</td><td>2019.01.31</td></tr>
<tr><td colspan="5">№13393：F=−0.10mm
№13394：F=−0.7mm</td><td>2019.07.30</td></tr>
<tr><td>水准标尺上圆水准器安置正确性的检验和校正</td><td colspan="5">居中</td><td>经常检视
每月 1 日记录</td></tr>
<tr><td>水准标尺的一般检视</td><td colspan="5">分划线清晰，圆气泡居中</td><td>经常检视
每月 1 日记录</td></tr>
<tr><td>水准标尺分划线每米分划间隔真长的测定</td><td colspan="5">№13393：999.993mm
№13394：999.991mm
均值：999.992mm</td><td>2019.09.02
（送检）</td></tr>
<tr><td rowspan="3"></td><td></td><td></td><td></td><td></td><td></td><td rowspan="3"></td></tr>
<tr><td></td><td></td><td></td><td></td><td></td></tr>
<tr><td></td><td></td><td></td><td></td><td></td></tr>
<tr><td colspan="2">备 注</td><td colspan="7">2019 年 1 月 1 日~9 月 14 日使用标尺为：№14091、14210；9 月 15 日~12 月 31 日使用标尺为：№13393、13394。</td></tr>
</table>

五、观测资料连续率、同光段和观测精度统计表

表6　观测资料连续率、同光段和观测精度统计

月份	$M_{公里}$（mm）	$M_{站}$（mm）	连续率	同光段
1	±0.13	±0.030	100%	0
2	±0.11	±0.029	100%	0
3	±0.13	±0.027	100%	0
4	±0.11	±0.023	100%	0
5	±0.11	±0.030	100%	0
6	±0.12	±0.024	100%	0
7	±0.13	±0.029	100%	0
8	±0.12	±0.023	100%	1
9	±0.11	±0.028	100%	1
10	±0.11	±0.024	100%	0
11	±0.10	±0.021	100%	0
12	±0.11	±0.029	100%	0
平均	±0.12	±0.026	100%	合计2

六、辅助观测情况

唐山地震台有气温和降水量两项辅助观测手段。

测量气温使用和唐山气象局合作的DSD3型加密自动气象站（河北华云科技开发中心）。由唐山气象局每月初以邮件方式向我台报送上个月每天的整点温度数值。每天整点的温度数值作为原始数据利用特定程序进行整理，取用每天2：00、8：00、14：00、20：00四个时刻的平均温度值为该天的温度值，2019年观测资料的连续率为99.9%。2019年平均气温为13.8℃，比2018年年平均气温12.6℃偏高。

测量降水量1~3月和11~12月使用量雨筒和量杯，4~10月使用和唐山气象局合作的DSD3型加密自动气象站（河北华云科技开发中心），在每次降水后进行测量和记录。2019年观测资料的连续率为100%，年总降水量为452.2mm，较2018年的471.3mm略少。

七、资料报送情况

我台的观测成果每天通过电子邮件向中国地震局第一监测中心研究所报送，并抄送给唐山市地震局；每月成果表通过电子邮件向中国地震局第一监测中心预测研究室（由研究室提供给管理组）和中国地震局台网中心各报送一份。本年度的各项成果报送及时，符合要求。

八、经验、问题和建议

经验：台站员工艰苦朴素，恪尽职守，按时按量完成中心安排的各项任务，加强与唐山市地震局、气象局的紧密合作。要求台站职工增强监测业务水平和理论素养，熟练仪器的使

用及数据处理，把每项工作严格落实到实处，保证监测工作的顺利开展，确保了监测成果的高精度、高连续率。人才培养方面，重视年轻人的培养，锻炼大家踏实刻苦，甘于奉献的台站情操，为一测中心及地震台贡献力量。

存在问题：水准手簿字体偏小，打印占用页面不充分，美观性较差。气象六要素数据不全，导致辅助要素成图成表不连续，对以后数据分析造成一定的影响。

建议：建议修改手簿生成程序。

唐山地震台
2020 年 1 月 1 日

6.4　观测资料分析报告

二〇一九年唐山地震台水准资料分析报告

隶属于中国地震局第一监测中心的唐山始建于 1978 年，位于唐山市路南区复兴路原第十中学院内，属于大地形变台站。唐山地震台处于地裂缝最为发育的典型地段，台站的水准观测网跨越了被多数专家学者确认为 7.8 级地震主体发震断层的 5 号断层，设有跨断层水准测线 4 条，其中两条测线（2—3 和 4—1）跨越了此断层，如图 1（略）。自建台以来始终监测发震断层的形变动态，借以探讨断层活动与余震序列的关系。

我台观测到的形变主要属于大地震之后的断层调整性形变，其演变过程包括长、中、短各种不同的周期。下面就结合我台的水准数据年均值变化表和有关图件来说明这种长趋势变化。

表 1　唐山地震台水准数据年均值变化表

年份＼数值＼目	1—2 (mm)	2—3 (mm)	3—4 (mm)	4—1 (mm)
2010	−328.51	+1000.04	−298.89	−372.65
2011	−328.31	+1000.15	−298.66	−373.18
2012	−328.35	+999.99	−298.63	−373.01
2013	−328.41	+1000.19	−298.49	−373.30
2014	−328.19	+1000.66	−298.55	−373.94
2015	−328.32	+1000.83	−298.34	−374.19
2016	−328.64	+1001.30	−298.10	−374.58
2017	−328.97	+1002.06	−297.76	−375.34
2018	−328.85	+1002.36	−297.63	−375.90
2019	−328.81	+1002.69	−297.47	−376.44

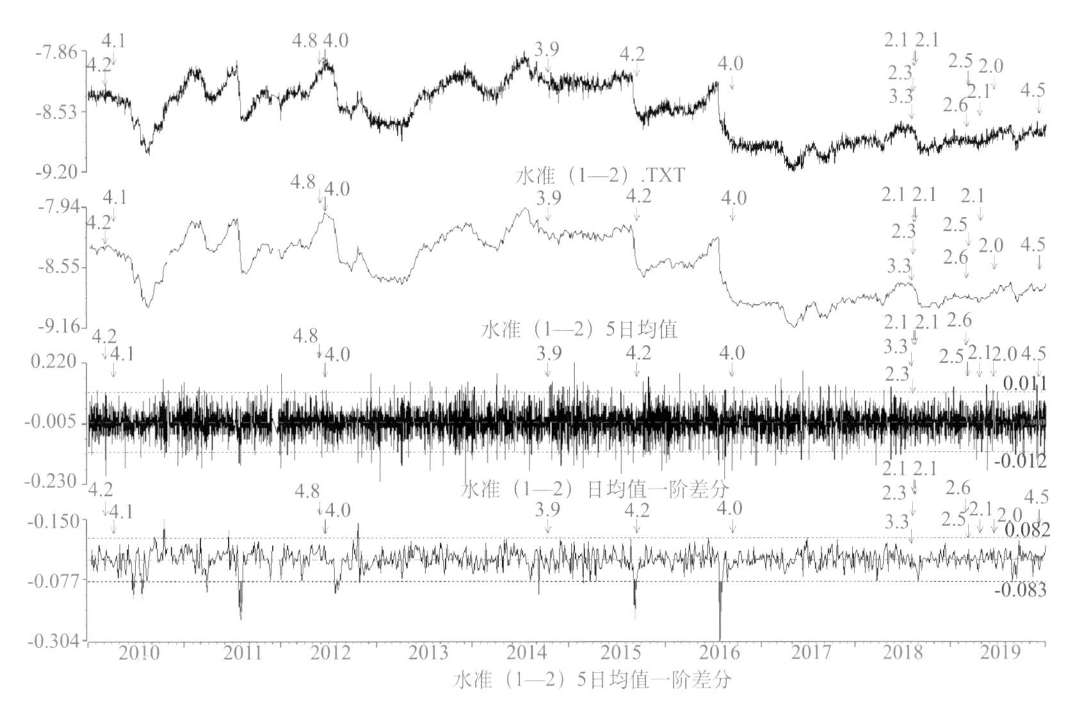

图 2　唐山地震台水准数据长趋势变化曲线（1—2）（单位：mm）

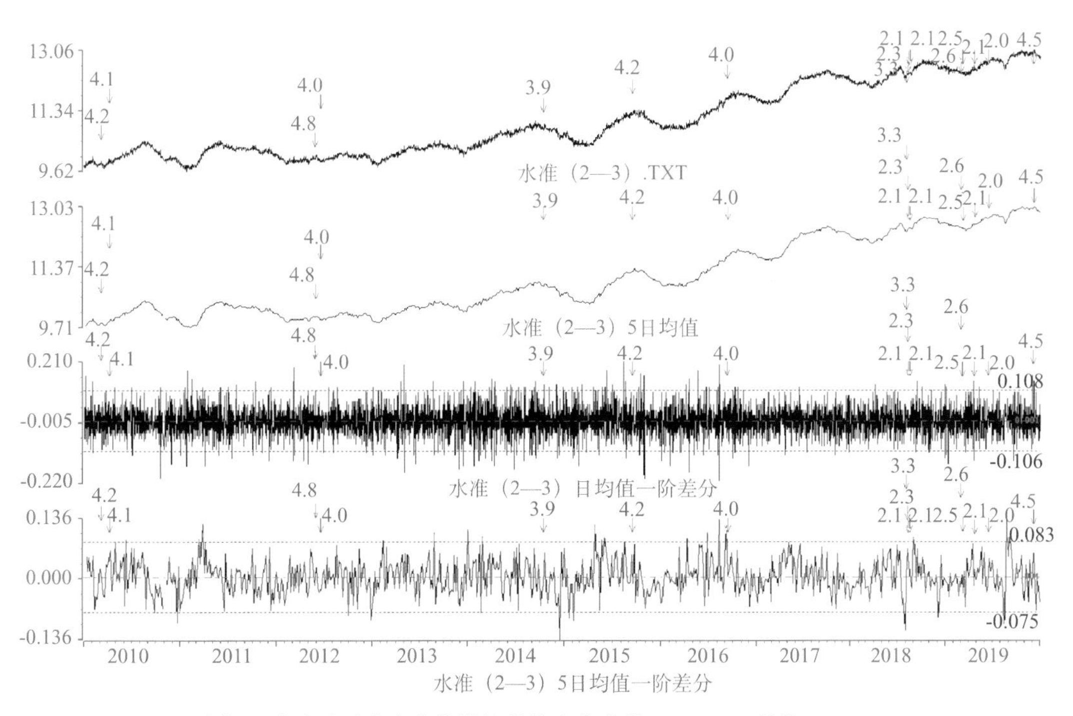

图 3　唐山地震台水准数据长趋势变化曲线（2—3）（单位：mm）

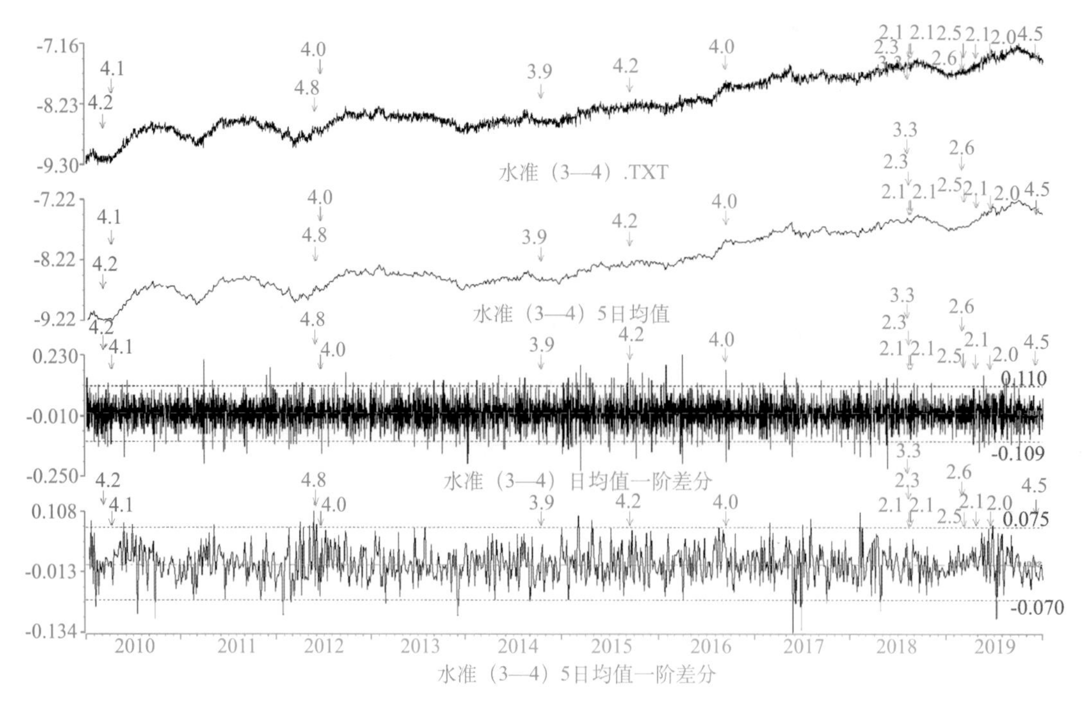

图 4　唐山地震台水准数据长趋势变化曲线（3—4）（单位：mm）

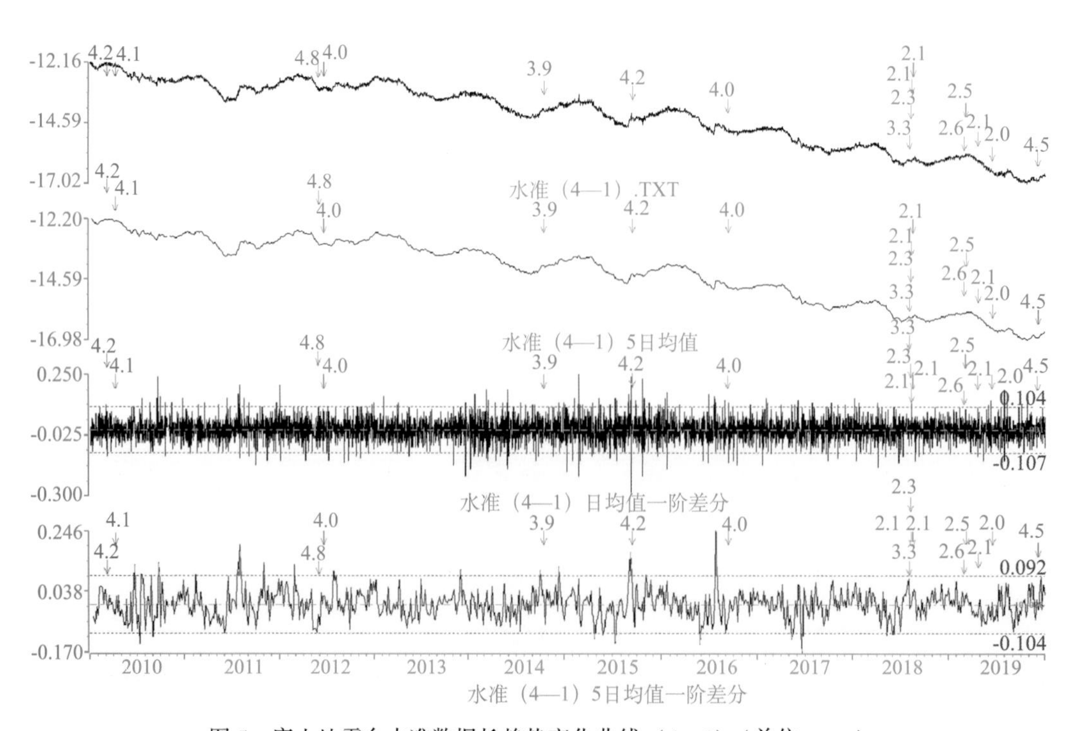

图 5　唐山地震台水准数据长趋势变化曲线（4—1）（单位：mm）

由台站的场地布设图（图 1，略）可以清楚的看出水准 2—3 测线和 4—1 测线跨断层且互不影响。由于场地微环境的不同，2—3 测线受环境影响较小，呈现出较好的年变规律。由图 2 至图 5 可以看出近些年来，在唐山地区发生的 4.0 级以上地震前，台站的四条水准测线均出现不同程度的前兆异常，具有较好的对应关系。

最近几年在唐山地区发生小震与有感震活动前后，水准数据也会有不同程度的前兆反应与震后响应。4—1、1—2 两条测线相对于 2—3 和 3—4 两条测线来说，可能受微环境（观测场地单侧环境变化—修路、建楼等）影响相对较大，年变特征不如 2—3 测线规律。当各测线的数据在一定时期内有同步的异常变化时，台站及时对数据进行处理分析，采用相关的数据处理方法确定该同步变化是否为异常，如果是异常，则进一步判断异常幅度。

下面我台结合图表以一年为尺度对水准数据的中短期异常进行分析，以探讨水准数据和唐山周围地区地震的对应性。

图 6 至图 9 就是 2019 年 4 条测线数据变化图和差分图，2019 年 12 月份，唐山丰南地区发生 M_S4.5 地震，观测形态未发现明显反应。4 条测线的数据变化维持着年变趋势，无较大异常的情况发生，维持正常年变。

结合对以往典型震例的分析，我台总结出一点经验：

（1）唐山地震台的水准数据异常情况主要表现为两种基本类型：一是震前持续数个月的趋势性异常；而另一种类型是震前 10~20 天的快速形变，并且变化期间还伴有突跳现象。

（2）在地震前兆周期中，跨断层测线 2—3 和 4—1 的数据总体上呈同步反方向变化，断层上下盘相对错动量在稳步扩大。

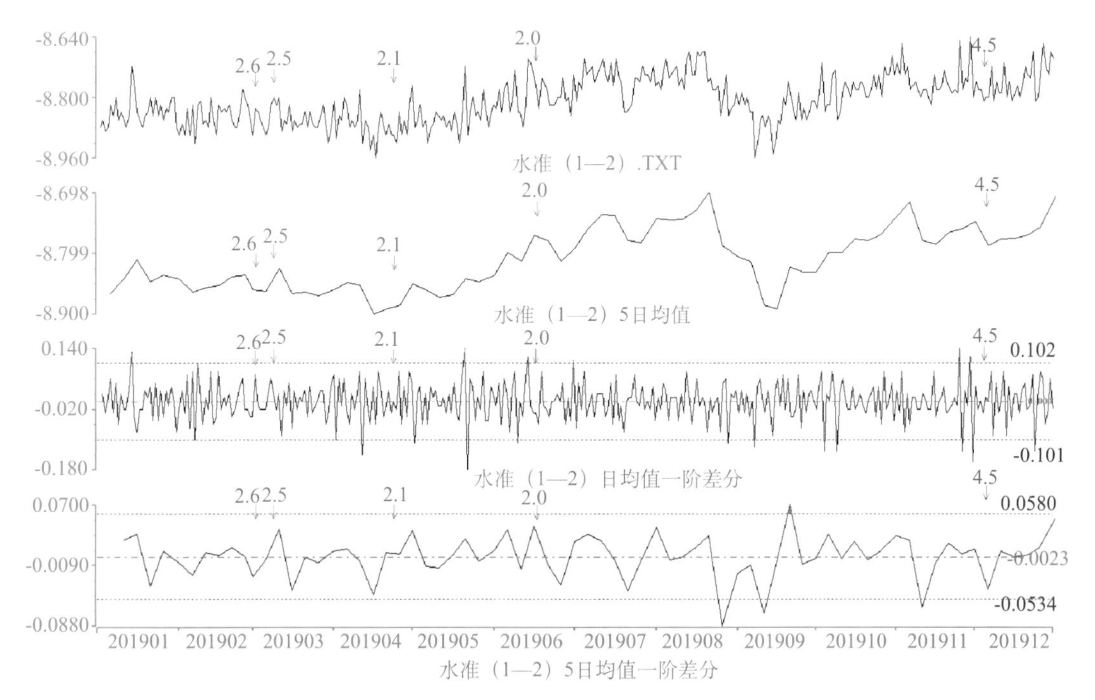

图 6　唐山地震台水准数据一年尺度变化曲线（1—2）（单位：mm）

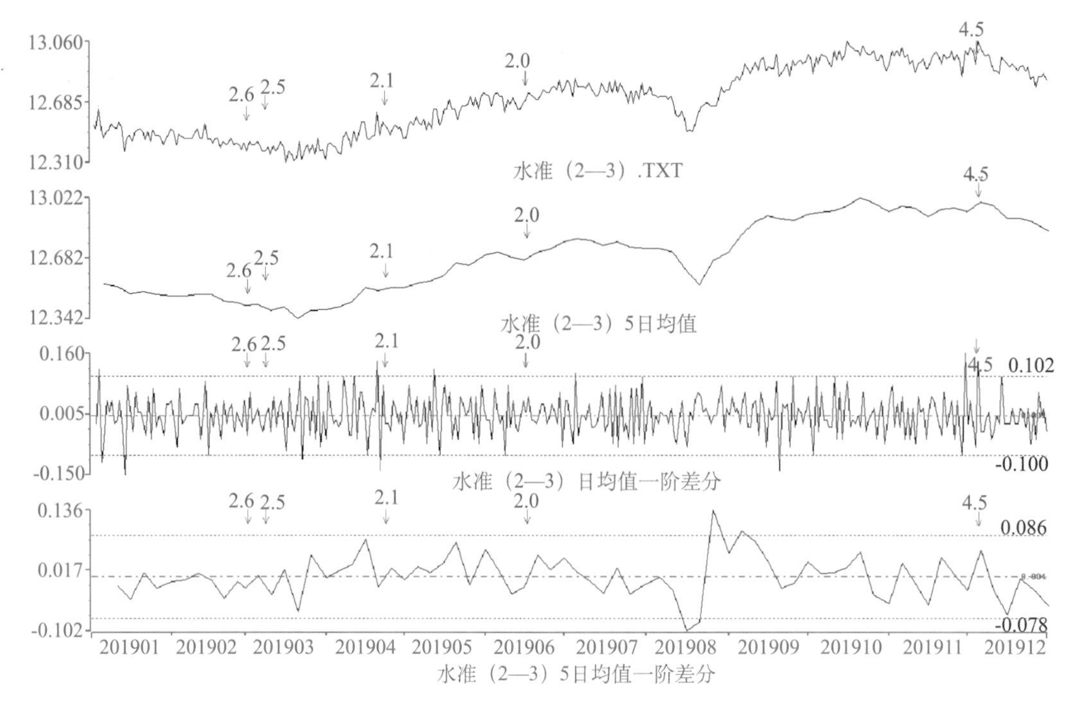

图 7　唐山地震台水准数据一年尺度变化曲线（2—3）（单位：mm）

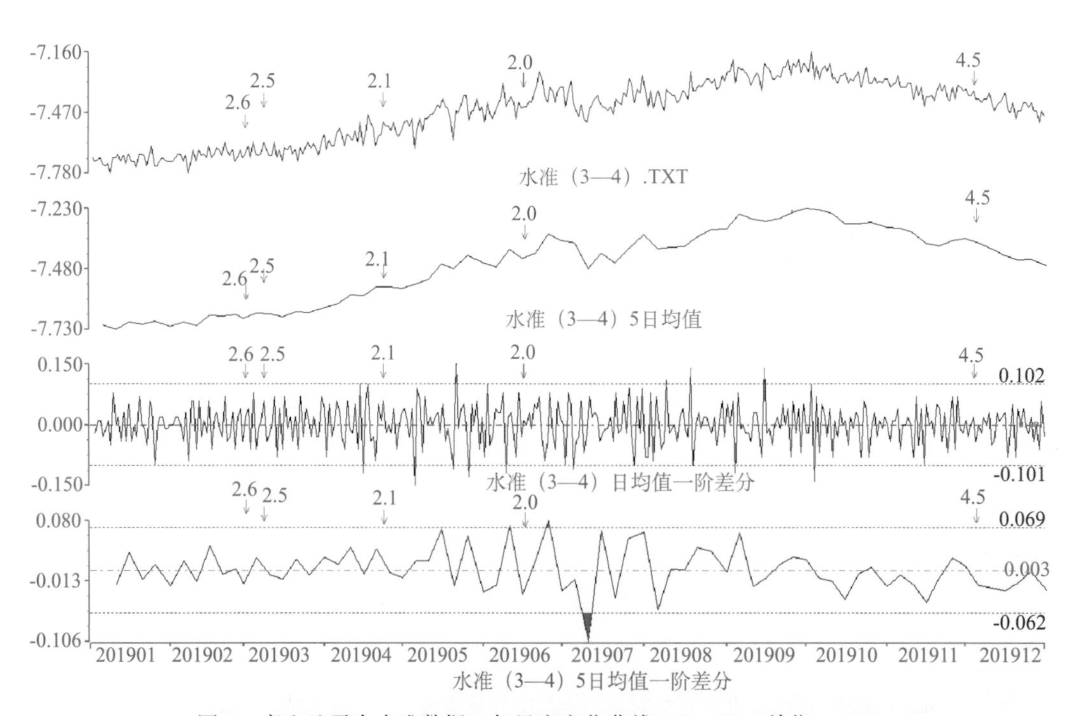

图 8　唐山地震台水准数据一年尺度变化曲线（3—4）（单位：mm）

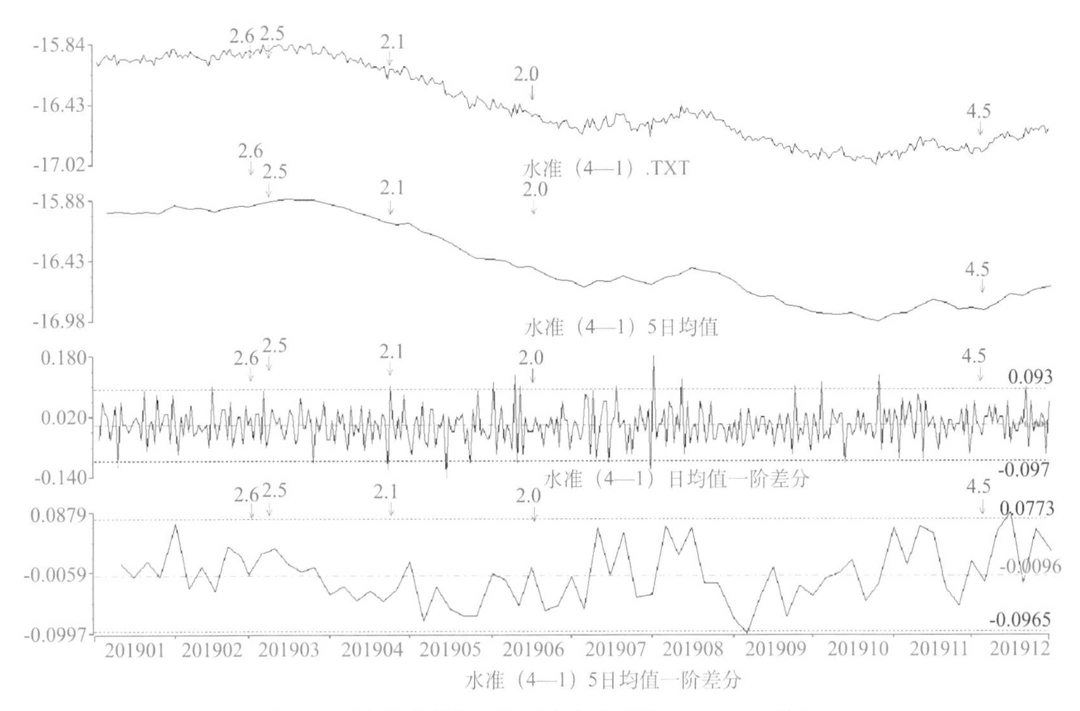

图 9　唐山地震台水准数据一年尺度变化曲线（4—1）（单位：mm）

综上所述，我台在对 2019 年及以前的水准资料进行分析的基础上，对应了多次 M_S3.0 以上地震，在 2019 年唐山地震局年度会商中，成功预测 M_S4.0 地震发生的可能。在此基础上争取在新的一年里有更大的提高。

唐山地震台

2020 年 1 月 1 日

6.5　质量检查报告

地震监测系统运维

2018 年区域精密水准测量项目检查报告

一、任务情况

通过晋冀蒙地区区域精密水准观测获取该地区地壳垂直形变观测数据，结合前期已有水准观测资料，处理获取该地区垂直形变场动态变化信息，为强震孕育的动力学背景和大陆动力学研究提供重要基础信息。

任务内容：

根据“地震监测系统运维 2018 年区域精密水准测量”任务书总体进度安排，监测二队需完成 20 条水准路线和 2 个 GNSS 连续站联测任务，约 2000km。

二、测区概况

测区范围为东经 111. 0°~115. 1°、北纬 38. 9°~41. 2°，主要分布在山西、内蒙古、河北等省及自治区境内。作业区整体位于鄂尔多斯块体及周缘地区，测区内地貌起伏较大，平均海拔在 1200m 左右，地形地势复杂，大山和河流纵横交错。测区气候特征为典型的北亚热带、南温带、中温带立体气候分布，由于常年雨水充足，植被覆盖率较高，同时也伴生经常性的地质灾害。道路状况以国道、省道为主，也有部分测线为县乡道。测区部分地区是少数民族聚居地，治安状况良好，通讯比较方便。

三、检查依据

（1）《国家一、二等水准测量规范》（GB/T 12897—2006）。

（2）《区域精密水准测量技术文件汇编》（国家地震局，1996 年）。

（3）《“地震监测系统运维——2018 年区域精密水准测量”项目任务书》，一测中心，2018 年。

（4）《“地震监测系统运维——2018 年区域精密水准测量”项目实施方案》，一测中心监测二队，2018 年。

四、检查情况

本次任务投入使用的仪器为 DiNi12、DiNi03 数字水准仪。根据《国家一、二等水准测量规范》和《区域精密水准测量技术补充规定》的规定，作业小组在测前和使用中对仪器的有关项目按时进行检验和记录。仪器检验资料经过中队检查后确认检验方法正确，检验结果符合规范要求，检验项目齐全，符合一等水准测量的使用要求。

观测成果经过过程检查和计算，测段上下午重合站数符合规定；观测成果的取舍与重测合理；各项改正计算正确。测段、区段和路线往返测高差不符值、环闭合差及每公里偶然中误差符合规范要求；一等水准测量外业高差与概略高程表起始点高程推算正确，上交的资料完整，计算正确。监测二队监测小组的职工克服了各种复杂地形、恶劣气候等自然条件，齐心协力连续作战，于 8 月 17 日全面结束了外业监测任务。本次共实测：一等水准 1969. 0km（不含返环检测距离 34. 8km）。每公里高差中数偶然中误差为±0. 36mm，成果质量优良。

五、成果质量情况

优级品：1164. 7km，占 59. 2%。

良级品：640. 1km，占 32. 5%。

合格品：164. 2km，占 8. 3%。

全年每千米高差中数偶然中误差为±0. 36mm。

本项目共施测 20 条路线（段）1969. 0km、5 个闭合环。环闭合差优 3 个、良 1 个，合格 1 个。

六、检查的资料

（1）仪器检查手簿 5 本。

（2）水准观测手簿 23 本。

（3）监测队技术总结 1 份。

（4）小组技术总结 5 份。

（5）监测队检查报告 1 份。

（6）成果表 62 张。

（7）含以上资料和原始观测数据光盘 1 张。

七、作业中取得的经验、发现的问题及对今后工作的建议

（1）今年晋冀蒙测区作业工作量大，内蒙和山西的山区工作条件艰苦，在一定程度上影响了小组作业效率。希望能加大对作业车辆，后勤保障工具的投入，使小组使用最先进的装备高效作业。

（2）个别组点名及经纬度输错，已在明码文件中改正。

（3）水准路线图各组所画标准不一，应按标准编程绘制。

小组在施测过程中出现的问题，监测队以后要加强小组相关人员的管理，增大技术培训力度，明确各作业人员的责任，避免以后类似情况的发生。

附件一：各组观测成果质量统计表（略）

附件二："地震监测系统运维晋冀蒙测区"2018 年区域精密水准测量各组区段质量统计一览表（一~五）（略）

附件三："地震监测系统运维"2018 年区域精密水准测量路线拼环图（略）

附件四：各组《"地震监测系统运维晋冀蒙测区"2018 年区域精密水准测量成果质量评定表》（一~五）（略）

监测队

2018 年 11 月 10 日

6.6　档案

1. 台站水准资料档案

科技材料归档移交清单

编号：ZYC/QR-19-066/A　　移交单位：唐山地震台　　第 1 页

序号	案卷流水号	案卷分类号	科技材料题名	科技材料起止时间	页数	密级	保管期限	备注
1			唐山地震台　2019 年度水准仪器、标尺检验及基线定向检验资料	2019.01.01~2019.12.31	96			
2			唐山地震台　2019 年度水准手簿	2019.01.01~2019.12.31	401			
3			唐山地震台　2019 年度短水准成果表与测站、测段均值图	2019.01.01~2019.12.31	45			

续表

序号	案卷流水号	案卷分类号	科技材料题名	科技材料起止时间	页数	密级	保管期限	备注
4			唐山地震台　2019 年度基线手簿	2019. 01. 01～2019. 08. 31	266			
5			唐山地震台　2019 年度基线与全站仪观测成果表	2019. 01. 01～2019. 12. 31	19			
6			唐山地震台　2019 年跨断层短程测距观测手簿（2-1）	2019. 09. 01～2019. 10. 31	268			
7			唐山地震台　2019 年跨断层短程测距观测手簿（2-2）	2019. 11. 01～2019. 12. 31	268			
8			唐山地震台　2019 年辅助观测记录与降水量总量图	2019. 01. 01～2019. 12. 31	433			
9			唐山地震台　2019 年度技术总结与资料分析报告	2020. 01. 01	58			
10			唐山地震台　2019 年度质量检查报告	2020. 05. 15	25			
11			光盘		1 张			
			以上材料含电子文件，以下空白					

密级：△秘密、#机密、※绝密　　移交者：XXX　　接收者：XXX　　接收日期：

2. 区域水准资料档案

案卷目录

流水号	分类号	新分类号	移交单位	归档时间	案卷标题	起止时间	页数	保管期限	备注
4762	1804	7—1	监测二队 徐宝凌	2019. 06. 03	地球物理场流动观测计划——2018 年度：晋冀蒙地区水准观测　任务下达与工作任务书、实施方案	2018. 02. 07～2018. 05. 04	34		
4763		7—2	监测二队 徐宝凌	2019. 06. 03	地球物理场流动观测计划——2018 年度：晋冀蒙地区水准观测　水准仪及水准标尺检验手簿	2018. 04. 25～2018. 08. 23	472		
4764		7—3	监测二队 徐宝凌	2019. 06. 03	地球物理场流动观测计划——2018 年度：晋冀蒙地区水准观测　水准观测手簿（No20102～20603）	2018. 04. 24～2018. 08. 23	514		
4765		7—4	监测二队 徐宝凌	2019. 06. 03	地球物理场流动观测计划——2018 年度：晋冀蒙地区水准观测　水准观测手簿（No20604～20805）	2018. 04. 24～2018. 08. 18	391		
4766		7—5	监测二队 徐宝凌	2019. 06. 03	地球物理场流动观测计划——2018 年度：晋冀蒙地区水准观测　高差表	2018. 04. 24～2018. 08. 23	65		
4767		7—6	监测二队 徐宝凌	2019. 06. 03	地球物理场流动观测计划——2018 年度：晋冀蒙地区水准观测　技术总结	2018. 10. 22～2018. 11. 20	53		
4768		7—7	监测二队 徐宝凌	2019. 06. 03	地球物理场流动观测计划——2018 年度：晋冀蒙地区水准观测　质量检查报告	2018. 11. 10～2018. 11. 30	38		

参 考 文 献

大地形变观测规范（一、水准测量），1983，国家地震局

大地形变台站测量规范（短水准测量），1990，国家地震局科技监测司

跨断层测量规范，1991，国家地震局

区域精密水准测量技术文件汇编，1996，国家地震局科技监测司

中华人民共和国测绘法［L］

CH/T 1001—2005　测绘技术总结编写规定［S］

CH/T 1004—2005　测绘技术设计规定［S］

CH/T 2004—2005　测量外业电子记录基本规定［S］

CH/T 2006—1999　水准测量电子记录规定［S］

DB/T 5—2015　地震水准测量规范［S］

DB/T 8. 3—2003　地震台站建设规范　地形变台站　第 3 部分：断层形变台站［S］

DB/T 40. 2—2010　地震台网设计技术要求　地壳形变观测网　第 2 部分：流动形变观测［S］

DB/T 47—2012　地震地壳形变观测方法　跨断层位移测量［S］

GB/T 1. 1—2009　标准化工作导则　第 1 部分：标准的结构和编写［S］

GB/T 10156—2009　水准仪［S］

GB/T 12897—2006　国家一、二等水准测量规范［S］

GB/T 13989—2012　国家基本比例尺地形图分幅和编号［S］

GB/T 18314—2009　全球定位系统（GPS）测量规范［S］

GB/T 19531. 3—2004　地震台站观测环境技术要求 第 3 部分：地壳形变观测［S］

GB/T 20000. 1—2014　标准化工作指南［S］

GB/T 27663—2011　全站仪［S］

JB/T 9315—1999　大地测量仪器　水准标尺［S］

JJG（测绘）2102—2013　因瓦条码水准标尺检定规程［S］

薄万举、陈聚忠，2011，地震水准测量成果中几项改正的讨论［J］，大地测量与地球动力学，31（03）：34~37+41

薄万举、陈聚忠、苏健锋、郑智江，2011，地壳形变与地震预测研究中的测量精度［J］，大地测量与地球动力学，31（01）：44~48

簿志鹏、刘国辉、王泽民等，1996，数字水准仪述评［J］，测绘通报，（2）：30~35

簿志鹏、刘国辉、王泽民等，1996，数字水准仪述评（续）［J］，测绘通报，（3）：36~39

陈阜超、陈聚忠，2018，水准测量振动环境影响研究［J］，测绘与空间地理信息，41（07）：85~87

陈阜超、郭良迁、塔拉、陈聚忠、朱爽，2015，东北地区近期水平形变应变场研究［J］，大地测量与地球动力学，35（01）：1~6

陈阜超、纪静、韩月萍、陈聚忠，2013，李七庄基岩点垂直形变趋势研究［J］，大地测量与地球动力学，33（06）：49~52

陈阜超、纪静、塔拉、王太松、韩勇，2011，京津水准复测与垂直形变特征［J］，华北地震科学，29（02）：31~34

陈健、陶本藻，1987，大地形变测量学［M］，北京：地震出版社

陈聚忠、韩勇、王太松、陈阜超，2014，GPS 跨河水准测量实验［J］，大地测量与地球动力学，34（02）：18~22

陈聚忠、楼关寿，2008，DINI12 电子水准仪振动实验［J］，国际地震动态，(11)：107
陈聚忠、沈宪兴、韩月萍、董运洪、杜雪松，2009，水准测量往返观测分群分析［R］，地震趋势研究报告，天津
陈聚忠等，2018，天津市地面沉降监测高程基准稳定性监测项目技术报告［R］，天津
陈聚忠等，2014，地面沉降对天津滨海风暴潮灾害防治的影响研究
崔振东、唐益群、卢辰等，2007，工程环境效应引起上海地面沉降预测［J］，工程地质学报，15（2）：233~236
葛彦增、尚贵佳、崔雪莲、王铁，2005，金州台水准观测的地下水影响改正研究［J］，地震，(03)：78~84
葛彦增、尚贵佳、李玉敏、王铁、王金明，2000，华北地区钢管基岩标稳定性和干扰因素再研究［J］，东北地震研究，(03)：62~69
葛彦增、尚贵佳、朱晓红、邹振宏、王卫红，2003，地下水对基岩标志作用机理探讨［J］，东北地震研究，(04)：50~55
葛彦增、朱晓红、尚贵佳、李玉敏、刘锡纯，2002，水准标志沉降的分析计算［J］，东北地震研究，(01)：31~39
龚士良、严学新、曾正强，2005，上海软土地区工程性地面沉降分析［J］，上海地质，48（5）：1045~1052
顾赟，2013，精密水准测量中重力改正的归算［J］，测绘与空间地理信息，36（02）：157~158+162
韩贤权、李端有、谭勇、邹双朝，2010，数字水准仪自动化监测系统在大坝变形监测中的应用［J］，测绘科学，35（03）：173~175
韩月萍等，2010，华北北部地区现今地壳垂直形变特征与地震危险性分析，大地测量与地球动力学，30（2）：25~28
梁振英、李明，1988，关于精密水准测量上下午及对称观测问题的讨论［J］，测绘通报，(01)：6~9
梁振英、李明，1990，水准折光改正研究报告［J］，测绘通报，(04)：13~20
梁振英、牟秀珍、李明，1997，论精密水准测量的误差传播、精度估计和质量控制［J］，测绘学报，(03)：13~20
刘东、邵德盛、汪志民等，2018，实测重力异常与布格重力异常在高精度水准测量改正中的精度比较［J］,大地测量与地球动力学，38（5）：539~541
吕慧、张国鹏，2001，精密水准测量中的系统误差分析［J］，浙江工业大学学报，(04)：82~84+89
吕弋培、王金喜，1984，对于山区精密水准测量成果施加重力异常改正项的认识［J］，四川地震，(02)：25~27
马世峰、李广云、李宗春，1997，自动化水准测量仪器——数字水准仪［J］，东北测绘，20（03)：30~31
齐海龙，2013，高层建筑物沉降观测技术应用［D］，中国地质大学（北京）
齐健，2015，高层建筑物沉降观测与预测［D］，安徽理工大学
塔拉、陈阜超、陈聚忠、郭良迁，2013，天津地区近期地壳垂直活动研究［J］，大地测量与地球动力学，33（06)：45~48
塔拉、陈阜超、韩月萍，2013，利用水准资料研究天津地区沉降动态特征［J］，大地测量与地球动力学，33（05)：11~15
塔拉等，2013，宝坻断裂垂直形变活动特征分析，中国科技成果，14：59~62
唐益群、崔振东、王兴汉等，2007，密集高层建筑群的工程环境效应引起地面沉降初步研究［J］，西北地震学报，29（2）：105~108
王惠民、钟维玲，1988，精密水准测量中重力异常改正问题［J］，测绘通报，(02)：13~15+12
王建华、王雄、胡亚轩、梁伟锋、苏瑞、郝明，2009，精密水准测量中的重力异常改正［J］，大地测量与

地球动力学，29（02）：57~60
王伟，2009，局部地区布格重力异常的计算［J］，测绘信息与工程，34（06）：48~49
徐建桥、孙和平、罗少聪，2001，海潮负荷对自由核章动参数拟合的影响［J］，测绘学报，（03）：214~219
徐润华、梁振英、姚永祥，1965，尺桩与脚架的垂直位移及其对精密水准测量成果的影响［J］，测绘通报，（02）：9~15
严学新、龚士良、曾正强等，2002，上海城区建筑密度与地面沉降关系分析［J］，水文地质工程地质，6：21~25
杨国华、韩月萍、杨博、张风霜，2009，华北地区最近几年水平形变场的含义与讨论［J］，山东科技大学学报（自然科学版），28（06）：1~8
杨国华、杨博、张风霜、韩月萍、刘峡，2009，汶川地震对华北地区水平形变场影响及有关含义的讨论［J］，地震，29（01）：77~84
杨辉、丁海涛、王宜昌、曹强，2000，山区重力改正中几个问题的讨论［J］，石油地球物理勘探，（04）：479~486+544
张风霜、胡新康、陈聚忠、韩月萍、孙东颖，2009，北京天津地区垂直形变剖面复测结果的 GPS 检验［J］，华北地震科学，27（04）：26~30
张伟富，2001，精密水准测量自动化研究［D］，重庆大学硕士学位论文，重庆大学，3~6
张伟伟、李久林、肖宗住、郑宇轩，2018，水准自动化观测系统设计［J］，地震地磁观测与研究，39（01）：145~148
钟岱，2017，某地区建筑物长期沉降监测的研究［D］，昆明理工大学
周硕愚，2017，地震大地测量学［J］，大地测量与地球动力学，37（07）：720
周硕愚、吴云，2013，地震大地测量学五十年——对学科成长的思考［J］，大地测量与地球动力学，33（02）：1~7
周硕愚、吴云、江在森，2017，地震大地测量学及其对地震预测的促进——50 年进展、问题与创新驱动［J］，大地测量与地球动力学，37（06）：551~562
周硕愚、吴云、李正媛、杜瑞林，2004，形变大地测量学的进展、问题与地震预报［J］，大地测量与地球动力学，（04）：95~101
周硕愚、吴云、姚运生、杜瑞林，2008，地震大地测量学研究［J］，大地测量与地球动力学，28（06）：77~82
朱紫阳、周建营、张兴福、许耿然，2015，广东地区精密水准测量的重力异常改正［J］，测绘地理信息，40（05）：86~89+92

附录

ICS 91.120.25
P 15
备案号：49443—2015

DB

中 华 人 民 共 和 国 地 震 行 业 标 准

DB/T 5 —2015
代替 DB/T 5 —2003

地震水准测量规范

Specification for the earthquake leveling

2015 -04 -08 发布　　2015 -07 -01 实施

中国地震局　发布

DB/T 5—2015

目　次

DB/T 5 — 2015

前　言

本标准按照 GB/T 1.1 — 2009 给出的规则起草。
本标准代替 DB/T 5 — 2003　《地震地形变数字水准测量技术规范》。
本标准与 DB/T 5 — 2003 相比，主要的技术变化包括：
a）增加了光学水准仪的内容；
b）补充了跨断层水准测量和台站水准测量的内容；
c）完善了测网和测线设计、勘选及埋设的内容；
d）完善了成果整理的内容；
e）完善了数字水准仪部分技术指标的内容；
f）删除了二等水准测量的内容。
本标准由中国地震局提出。
本标准由全国地震标准化技术委员会（SAC/TC 255）归口。
本标准起草单位：中国地震局第一监测中心、中国地震局第二监测中心。
本标准主要起草人：陈聚忠、刘文义、楼关寿、程林、孟宪纲、罗官德、塔拉、陈文礼、陈阜超。

引　言

促成修订本标准的原因是 DB/T 5 — 2003 中：

a）部分技术指标低于现行国家一等水准测量的规范要求，不能满足地震水准测量的需要；

b）内容没有涵盖目前地震水准测量的全部观测方法；

c）对地震水准测量的测网和测线布设、勘选和标石埋设不够具体。

地震水准测量规范

1　范围

本标准规定了地震水准测量的测网和测线布设、测线和水准点的勘选、标石埋设、观测仪器、观测方法、观测程序及观测成果的整理与归档的要求。

本标准适用于地震水准测量。其他精密水准测量可参照使用。

2　规范性引用文件

下列文件对于本文件的应用是必不可少的。凡是注日期的引用文件，仅所注日期的版本适用于本标准。凡是不注日期的引用文件，其最新版本（包括所有的修改单）适用于本文件。

GB/T 10156　水准仪

GB/T 12897 — 2006　国家一、二等水准测量规范

GB/T 13989 — 2012　国家基本比例尺地形图分幅和编号

GB/T 18314　全球定位系统（GPS）测量规范

GB/T 19531. 3 — 2004　地震台站观测环境技术要求　第 3 部分：地壳形变观测

GB/T 27663　全站仪

CH/T 1001　测绘技术总结编写规定

CH/T 1004　测绘技术设计规定

CH/T 2004　测量外业电子记录基本规定

CH/T 2006　水准测量电子记录规定

DB/T 8. 3 — 2003　地震台站建设规范　地形变台站　第 3 部分：断层形变台站

DB/T 40. 2 — 2010　地震台网设计技术要求　地壳形变观测网　第 2 部分：流动形变观测

DB/T 47 — 2012　地震地壳形变观测方法　跨断层位移测量

3　定义

GB/T 12897 — 2006 界定的以及下列术语和定义适用于本文件。

3. 1

地震水准测量　earthquake leveling

监视地壳垂直形变与断层两盘相对垂直位移的水准测量。地震水准测量包括区域水准测量、跨断层水准测量和台站水准测量。

3. 2

区域水准测量　region leveling

用于监视地震重点防御区域地壳垂直形变的地震水准测量。

3.3

跨断层水准测量　fault-crossing leveling

监视断层两盘相对垂直位移的地震水准测量。

3.4

台站水准测量　station leveling

监视地震台站附近断层两盘相对垂直位移的地震水准测量。

3.5

测线　leveling line

若干相连测段构成的地震水准测量线段。

3.6

测网　leveling network

若干测线构成的一组地震水准测量闭合环。

4　测网和测线布设及命名

4.1　基本要求

4.1.1　地震水准测量高程一般宜采用正常高系统，按照1985年国家高程基准起算。特殊情况下也可采用独立高程基准，但应在地震水准测量成果表中注明高程基准的相关情况。

4.1.2　区域水准的测网布设应符合DB/T 40.2—2010中6.1~6.3的要求，跨断层水准测量和台站水准测量的场地布设应符合DB/T 40.2—2010中7.3.1和7.3.2的要求。

4.1.3　区域水准的测网宜布设在主要的活动构造带、地震带或垂直形变高梯度带地区。跨断层水准和台站水准的测线应跨越主要的活动构造带。

4.1.4　布设地震水准测量测线时，应收集测线及附近的地震、地质、地形、水文、气象、道路和已有测点等信息。

4.1.5　地震水准测量测网和场地设计应选用比例尺不小于1∶100 000的地形图并绘制水准测线图，水准测线图示例见图A.1。地震水准测线图按表A.1给出的水准标石符号绘制，其他类型的地震水准标石应符合GB/T 12897—2006中表A.2的要求。

4.1.6　测网及测线技术设计的内容、要求和审批程序按CH/T 1004的要求执行。

4.2　区域水准测网与测线布设

4.2.1　测网应布设在活动的地质构造带和地震带区域。

4.2.2　测线应构成闭合环并成网状。闭合环周长宜小于500 km，西部地区可根据交通等情况适当放宽，但最长应小于1 000 km。

4.2.3　测线应在现有国家一、二等水准路线基础上沿公路综合优化布设，结点宜选用国家一、二等水准路线的基岩水准点或基本水准点，也可利用GPS观测标石或建设综合标石。

4.2.4　距水准点4 km以内的GPS点、重力点、跨断层测量水准点、台站水准点、验潮站水准点和分层标等宜纳入连测或支测。

4.2.5　测线分为若干区段时，区段长度宜小于30 km，西部地区可放宽至50 km，区段的端点应埋设基本水准标石或综合标石。

4.2.6 东部地区测段长度应小于4 km，西部地区测段长度应小于8 km。跨越活动断层时，宜适当缩短测段长度。

4.2.7 布设水准点的位置应尽可能避开断层破碎带。

4.3 跨断层水准场地及测线布设

4.3.1 跨断层水准场地布设应符合DB/T 47 — 2012中第4章及附录A的要求。

4.3.2 场地内应至少有一条测线跨越断层。

4.3.3 地震水准点布设应避开破碎带且优先选择基岩出露的位置，当有覆盖层时，基岩埋深应小于50 m。

4.3.4 测线端点宜布设基岩水准点或综合点。

4.3.5 测线宜构成闭合环，不能构成闭合环时可在跨断层测线附近埋设跨越同一断层的检测测线。

4.3.6 立尺点宜布设过渡水准点，安置仪器位置宜布设观测台，观测台中心至前后过渡水准点的距离均应小于30 m，且前后距离差应小于0.2 m。

4.4 台站水准场地及测线布设

4.4.1 台站水准场地布设应符合4.3.1～4.3.5的规定。

4.4.2 台站水准测线的总长度应小于1.5 km，测段长度应控制在0.2 km～0.5 km范围内。

4.4.3 立尺点应布设过渡水准点，安置仪器位置应布设观测台。观测台中心至前后两过渡水准点的距离应小于30 m，且前后距离差应小于0.2 m。

4.5 命名

4.5.1 测网与场地命名

4.5.1.1 区域水准测量的测网宜以测量区域内的标志性地名命名或以所在地重要地名的简称命名，如首都圈区域水准网、晋冀蒙区域水准网。

4.5.1.2 跨断层水准测量和台站水准测量宜分别以观测场地所在地的乡镇以上地名作为场地名称和台站名称，如南孟场地、易县台站。

4.5.2 测线命名

4.5.2.1 区域水准测量的测线名称宜以水准测线的起止点（起西止东，起北止南）所在地的地名简称命名，如京（北京）郑（郑州）线。测段名称应以往测方向起止水准点名间加“—”命名，如京郑1 — 京郑2。

4.5.2.2 跨断层水准测量的测线名称应以场地名称中的地名加测线代码命名，如南孟EW。

4.5.2.3 台站水准测量的测线宜以台站名称中地名加测线方向命名，如易县NS。也可使用测线两端水准点名称命名，如太原BM1 — 太原BM3。

4.5.2.4 地震水准测量支线的名称应以所支测的观测点点名＋“支”字命名，如宝坻GPS基准站支。

4.5.3 水准点命名

4.5.3.1 区域水准测量的水准点的点名宜由测线名称加水准点序号命名，如京郑12。

4.5.3.2 跨断层水准测量和台站水准测量的测线端点宜以观测场地或台站名称＋“BM”＋序号的方式命名，如太原BM1。也可用观测场地中点所在位置的相对方位表示，如金州WN。其他水准点宜以测线名称加序号的方式命名，如南孟EW1、易县NS2。

4.5.3.3 基岩水准点的点名宜以所在地的地名＋“基岩点”命名，如蓟县基岩点。

4.5.3.4 基本水准点的点名宜以点所在水准测线名称＋点序号＋“基”的方式命名，如红涞1基。

DB/T 5 — 2015

4.5.3.5　道路水准点的点名宜以点所在水准测线名称 + 点序号 + "道" 的方式命名，如红涞 2 道。

4.5.3.6　综合点的点名以其所在水准测线名称 + 点号 + "综" 的方式命名，如集团 30 综、南口 01 综。

4.5.3.7　利用旧水准点，宜使用原水准点点名。若确需重新命名的，应在新点名后以括号注明该点的原水准点点名，如Ⅰ包京 115 甲（Ⅰ哈宣 54 基）。

4.5.3.8　补埋水准点的点名应由原点名后加带括号的 4 位年代号组成，如大宣 3（2012）。

4.5.3.9　地震水准测量支线上的水准点点名宜以支线名称 + 序号组成，序号按往测顺序以数字编号，如宝坻 GPS 基准站支 3。

5　勘选

5.1　基本要求

5.1.1　跨越活动断层的水准测线应确定水准点与断层的相对位置。

5.1.2　选定的水准点位置应征得土地使用者的同意并有利于水准点的长期保存和便于观测。

5.1.3　地震水准点应优先选择岩层水准标石。

5.1.4　水准测线和水准场地附近符合要求的已有水准点、GPS 点和重力点应予以利用。

5.1.5　测线和水准点勘选应符合 GB/T 12897 — 2006 中 5.1.1 ~5.1.3 的要求。

5.1.6　测线和水准点勘选的观测环境应符合 GB/T 19531.3 — 2004 中 4.4 的要求。

5.1.7　水准测线的结点或端点宜选择综合标石，周围环境应符合 GB/T 18314 中 7.2.1 的要求。

5.1.8　跨断层水准和台站水准的跨断层测线与断层走向的夹角宜大于 30°。

5.2　现场工作

5.2.1　根据设计的水准标石类型，应在设计点位附近初选出 2 ~3 处符合埋设要求的点位。

5.2.2　在征得土地使用者同意后，应选定其中 1 处作为水准点埋设地点。

5.2.3　在选定点位安置带有点名和类型信息的点名牌，应拍摄 2 ~4 张能反映点位、周围地形、地貌和主要栓距点的近景和远景照片。

5.2.4　宜使用手持 GPS 接收机测定点位的经纬度和概略高程。

5.2.5　应按地震水准点点之记的要求收集所需的所有信息（综合标石应在现场绘制环视图）。地震水准点之记见表 A.2。

5.2.6　应收集与标石埋设、水准测量等有关的其他信息。

5.3　勘选成果整理与归档

5.3.1　地震水准勘选工作结束后，应对勘选资料进行整理并提交归档。当勘选与埋设同时进行时，可不单独提供勘选资料。

5.3.2　勘选工作的归档资料应包括：

a）勘选方案；

b）勘选过程的照片（可只提供电子版）；

c）勘选点之记；

d）测网图；

e）测线图；

f）结点接测图；

g）基岩水准点的地质勘察报告；

h）勘选报告（勘选报告的内容要求见 5.3.3 和 5.3.4）；

4

i）勘选过程中收集到的其他资料。

5.3.3　区域水准的勘选报告应包括以下内容：

a）项目概况；

b）勘选实施技术依据；

c）勘选区域自然地理概况；

d）实施勘选的人员和时间；

e）各类型水准点的统计；

f）利用的旧水准点或其他观测点的统计；

g）测线示意图及测线表；

h）勘选过程中遇到的问题及处理情况；

i）勘选过程产出的资料清单；

j）对埋石及观测工作的安排与建议。

5.3.4　跨断层水准和台站水准的勘选报告应包括以下内容：

a）场地或台站建设项目概况；

b）勘选实施技术依据；

c）勘选场地的自然地理概况；

d）实施勘选的人员和时间；

e）各类型水准点的统计；

f）利用旧水准点或其他观测点情况；

g）测线示意图和测线表；

h）勘选实施过程中遇到的问题及处理情况；

i）勘选过程产出的资料清单；

j）对埋石及观测工作的安排与建议；

k）DB/T 8.3 — 2003 中 8.2 所规定的内容。

6　水准标石埋设

6.1　水准标志

6.1.1　地震水准测量的标志包括地震水准标志和地震水准墙脚标志。地震水准标志和地震水准墙脚标志的材料、规格及制作见 GB/T 12897 — 2006 中 A.5，但标志面的文字为“地震水准点”，见本标准中图 A.2 和图 A.3。

6.1.2　埋设地震水准综合标石时，上标志应采用 GPS 强制归心标志，其材料、规格及制作要求见 A.8。

6.2　水准标石类型及适用范围

6.2.1　类型

地震水准点有基岩水准点、综合点、基本水准点、普通水准点及过渡水准点等。各类水准标石的适用范围见表 1。

表 1　水准标石类型及适用范围

水准标石类型		使用条件 （岩层距地面的覆盖层厚度）	适用范围
基岩水准点	深层基岩水准标石	>3.0 m	适用于各类地震水准测量
	浅层基岩水准标石	≤3.0 m	
综合点	基岩综合标石	<1.5 m	
	土层综合标石	≥1.5 m	
基本水准点	岩层基本水准标石	<1.5 m	适用于区域水准测量的区段和测线端点，跨断层水准测量和台站测线端点
	混凝土柱基本水准标石	≥1.4 m 且最大冻土深度≤0.8 m	
	混凝土基本水准标石	≥1.4 m 且最大冻土深度≤0.8 m	
	钢管基本水准标石	≥1.3 m 且最大冻土深度 >0.8 m	
	永冻地区钢管基本水准标石	永冻地区	
	沙漠地区混凝土柱基本水准标石	沙漠地区	
普通水准点	岩层普通水准标石	<1.5 m	适用于区域水准测量的普通水准点，台站水准测量和跨断层水准测量过渡点
	混凝土柱普通水准标石	≥1.4 m 且最大冻土深度≤0.8 m	
	混凝土普通水准标石	≥1.2 m 且最大冻土深度≤0.7 m	
	钢管普通水准标石	≥1.3 m 且最大冻土深度 >0.8 m	
	永冻地区钢管普通水准标石	永冻地区	
	沙漠地区混凝土柱普通水准标石	沙漠地区	
过渡水准点	道路水准标石	经济发达地区或水网地区	适用于跨断层水准测量和台站水准测量的立尺点
	墙脚水准标志	稳定坚固建筑物或石崖直壁	
	基岩过渡水准标石	<1.5 m	
	土层过渡水准标石	≥1.5 m	
观测台			适用于跨断层水准测量和台站水准测量的仪器站

6.2.2　标石选用

6.2.2.1　基岩水准点应按岩层距地面的覆盖层厚度选用深层基岩水准标石或浅层基岩水准标石。其规格见 GB/T 12897 — 2006 中 A.6.1。

6.2.2.2　综合点应优先选用基岩综合标石，覆盖层厚的地区可选择土层综合标石。基岩综合标石的规格见图 A.5，土层综合标石的规格见图 A.6。

6.2.2.3　基本水准点可视建点地点的覆盖层厚度和最大冻土深度情况选择岩层基本水准标石、混凝土柱基本水准标石、混凝土基本水准标石、钢管基本水准标石、永冻地区钢管基本水准标石、沙漠地区混凝土柱基本水准标石。其中，混凝土基本水准标石的规格见图 A.7，其他类型的基本水准标石的规格见 GB/T 12897 — 2006 中 A.6.2。

6.2.2.4　普通水准点可视建点地点的覆盖层厚度和最大冻土深度情况选择岩层普通水准标石、混凝土柱普通水准标石、混凝土普通水准标石、钢管普通水准标石、永冻地区钢管普通水准标石和沙漠地区混凝土柱普通水准标石。其中，混凝土普通水准标石的规格见图 A.8，其他类型的普通水准标石的规格见 GB/T 12897 — 2006 中 A. 6. 3。

6. 2. 2. 5　过渡水准点包括道路水准标石、墙脚水准标志、基岩过渡水准标石、土层过渡水准标石。道路水准标石和墙脚水准标志的规格分别见 GB/T 12897 — 2006 中图 A. 18 和图 A. 19，基岩过渡水准标石和土层过渡水准标石的规格分别见 DB/T 47 — 2012 中附录 C。

6. 3　标石制作与埋设要求

6. 3. 1　标石埋设包括基坑挖掘、钢筋骨架捆绑、混凝土配比及搅拌、浇灌过程、回填、地震水准点之记的绘制、埋设水准点托管书的办理等。标石埋设现场应对关键工序拍摄照片，拍摄照片时应有点名牌，照片应显示拍摄时间。

6. 3. 2　挖掘标石基坑时，以踏勘选定的点位为中心，根据选定的标石类型及点位所在地的最大冻土深度确定基坑大小及深度。基坑开挖还应符合下列要求：

a）挖掘过程中若基坑底部已到基岩但仍不符合相应类型标石基坑深度时，应按实际基岩深度重新确定标石类型；

b）标石基坑开挖不得采取爆破方式。

6. 3. 3　各类地震水准标石钢筋骨架的钢筋用料规格和用量应符合 GB/T 12897 — 2006 中表 A. 6。

6. 3. 4　用于制作混凝土水准标石所用的材料应符合 GB/T 12897 — 2006 中 A. 7. 1 的要求。每立方米混凝土制作材料用量见 GB/T 12897 — 2006 中表 A. 5。混凝土施工要求见 GB/T 12897 — 2006 中 A. 7. 4。

6. 3. 5　浇灌带钢筋骨架的混凝土标石，可用钢纤维替代钢筋配成钢纤维混凝土进行建造。用料及配比要求如下：

a）钢纤维的掺入量一般按体积计算，每立方米混凝土的钢纤维的比例宜为 0. 5% ~2% 。按重量计算时，每吨混凝土的钢纤维含量应为 70 kg ~100 kg；钢纤维的长度宜为 20 mm ~60 mm，直径宜为 0. 3 mm ~1. 2 mm，长度与直径的最佳比值宜为 50 ~70。

b）各类钢纤维混凝土水准标石的建造工序与相应类型的钢筋混凝土水准标石相同。

6. 3. 6　混凝土水准标石的施工过程应拍摄下列照片：

a）基坑形状和尺寸的照片；

b）标石柱体（带安置模型板）、指示碑、指示盘的钢筋骨架捆扎形状和尺寸的照片；

c）反映水准标志安置情况的照片；

d）反映拆模后墩体、指示碑和指示盘浇筑质量的近景照片；

e）回填并整饰后的水准标石近景照片和远景照片；

f）浇灌过程中其他能反映点位条件、观测环境、埋设工艺、水准标志与标石质量的照片。

6. 3. 7　埋设的水准标石顶面应低于地面。除 6. 4 ~6. 8 所规定的标石外，其他地震水准标石的埋设应符合 GB/T 12897 — 2006 中 5. 2. 4 的要求。

6. 4　基岩综合标石埋设

6. 4. 1　基坑开挖前应清理覆盖层及岩石风化层，基坑应为不小于 0. 5 m ×0. 5 m 的正方形坑或直径不小于 0. 5 m 的圆形坑，基岩部分深度不小于 0. 4 m；下标志采用地震水准标志的，还应在基坑的正北侧离墩体 0. 1 m 的位置开挖大小不小于 0. 2 m ×0. 2 m、深度不小于 0. 15 m 的基坑，浇灌时要保证与墩体连接一体。

6. 4. 2　钢筋骨架捆扎时，钢筋骨架足筋应为 6 根，采用直径为 12 mm 的钢筋，长度以建点位置的基坑深度加上地表墩体高，底部应弯成直径为 0. 1 m 的拐弯；裹筋一般采用直径为 6 mm 的钢筋，构成直径为 0. 25 m 的圆形，间距为 0. 3 m。

6. 4. 3　上标志应使用 GPS 强制归心标志，规格见图 A. 4；下标志可使用地震水准墙脚标志，规格见

DB/T 5—2015

图 A.3，也可使用 GB/T 12897—2006 中图 A.5 的水准点下标志。

6.4.4　浇灌时，应先在基坑中央位置安置钢筋骨架，浇灌混凝土填满基坑。若无覆盖层和风化层时可在基坑上放置长为 1.0 m、直径为 0.38 m 的模型板，浇灌至模型板顶面，同时在墩体正北的基坑上安置下水准标志（北侧基坑足够大时也可在墩体上离地面 0.1 m 以下位置安置下水准标志）。若有覆盖层和风化层时，可使用边长不小于 0.5 m 方形模型板或直径不小于 0.5 m 的圆形模型板将混凝土浇灌至地面位置（注意模型板正北侧地面以下 0.15 m 处预留安置下标志的小孔），待混凝土凝固后浇灌地表部分墩体。墩体浇灌完成后，根据混凝土的凝固情况安置 GPS 强制归心标志（上标志）并保证标志面水平（使用 8′/2 mm 的圆水准器检查，汽泡中心不得偏离中心 2 mm），且与混凝土连结牢固（分层振捣，标石顶面印字等同水准标石顶面印字过程）。

6.4.5　待墩体混凝土凝固后拆除模型板，地面以下部分墩体拆模后用土回填养护，地面以上部分墩体需按混凝土的养护要求进行养护。

6.5　土层综合标石埋设

6.5.1　基坑开挖时，基坑为边长应不小于 1.2 m×1.2 m 的方形坑，深度为点位的最大冻土深度以下 0.6 m~0.8 m，且基坑深度应不小于 0.8 m。

6.5.2　墩体钢筋骨架足筋应为 6 根，采用直径为 12 mm 的钢筋，长度为基坑深度加上地表墩体高再减去 0.2 m，底部应弯成长 0.1 m 的拐弯。裹筋采用直径为 6 mm 的钢筋，构成直径为 0.25 m 的圆形，间距为 0.3 m。基座钢筋骨架主筋应为 12 根，采用直径为 12 mm 的钢筋，每根长 1.2 m，两端弯成直径为 0.1 m 的拐弯，纵横各 6 根均匀布设并用铁丝捆扎成正方形。

6.5.3　上标志应使用 GPS 强制归心标志，规格见图 A.4，下标志可使用地震水准墙脚标志，规格见图 A.3，也可使用 GB/T 12897—2006 中图 A.5 的水准点下标志。

6.5.4　浇灌时，应先在基坑底部浇灌 0.1 m 厚的水泥沙浆作为标石垫层，在其上安置基座模型板，浇灌混凝土至基座的一半，再放置基座钢筋骨架和墩体钢筋骨架（互相捆绑），然后浇灌至基座顶面。

6.5.5　墩体的浇灌、标志安置、养护和整饰应与基岩综合标石相同。

6.6　混凝土基本水准标石埋设

6.6.1　开挖边长应不小于 1.2 m×1.2 m 的方形基坑，基坑深度应超过点位最大冻土深度以下 0.5 m，且基坑深度应不小于 1.4 m。

6.6.2　墩体钢筋骨架足筋应为 2 根直径 10 mm 的钢筋，用直径 6 mm 的裹筋捆绑成“十”字形状，基座钢筋规格与布置方式同土层综合标石。

6.6.3　上、下标志均应使用地震水准标志，规格见图 A.2。

6.6.4　浇灌时，应先安置基座模型板，浇灌混凝土至基座的一半，放置基座钢筋骨架和墩体钢筋骨架（互相捆绑），再浇灌至基座顶面，放置墩体模型板，将混凝土浇灌至墩体顶面。浇灌过程中，视混凝土的凝固情况在墩体北侧基座上安置下标志，在墩体顶面中心位置安置上标志。

6.6.5　在标石顶面应压印点名（字头向北）并用油漆描红。

6.6.6　应回填土并捣实。

6.7　混凝土普通水准标石埋设

6.7.1　开挖边长应不小于 0.7 m×0.7 m 的方形基坑，基坑深度应超过点位最大冻土深度以下 0.5 m，且基坑深度应不小于 1.1 m。

6.7.2　混凝土普通水准标石的柱体可提前预制，也可现场浇灌埋设。

6.7.3　标志应使用地震水准标志，规格见图 A.2。

6.7.4　预制混凝土普通水准标石柱体制作与埋设混凝土普通水准标石应按以下步骤：

a）预制柱体：在平整的地面上安置标石柱体模型板，浇灌混凝土至模型板顶面，视标石混凝土凝固情况安置水准标志，在标石顶面压印点名并用红色油漆描红。指示盘、指示碑等附属构件可同时预制；

b）浇灌：浇灌混凝土至基座顶面，在基座中央放置预制好的标石柱体（点名标识字头指向正北）；

c）回填土并捣实。

6.7.5　现场浇灌方式埋设混凝土普通水准标石应按以下步骤：

a）先安置基座模型板，浇灌混凝土至基座顶面。待基座混凝土凝固后安置标石墩体模型板，将混凝土浇灌至墩体顶面，视混凝土的凝固情况安置水准标志；

b）在标石顶面压印点名（字头向北）并用油漆描红；

c）回填土并捣实。

6.8　过渡水准标石埋设

6.8.1　过渡水准标石的标志应使用地震水准标志，规格见图 A.2。

6.8.2　基岩过渡水准标石基坑的基岩部分尺寸应不小于 0.4 m×0.4 m，基坑深度应不小于 0.3 m。

6.8.3　基岩过渡水准标石应现场浇灌，其要求与混凝土普通水准标石浇灌相同。

6.8.4　土层过渡水准标石的埋设过程与要求与混凝土普通水准标石相同。

6.9　观测台埋设

6.9.1　观测台距前后过渡水准点的距离差应小于 0.1 m。

6.9.2　观测台高度应适合观测，并应使前后水准标尺的下丝观测读数大于 0.5 m，中丝读数小于 2.8 m。

6.9.3　开挖长和宽应不小于 1.2 m×1.2 m，深度不小于 0.2 m 的基坑。

6.9.4　应放置模型板，浇灌混凝土、振捣并抹平，在中央位置做出标记。

6.9.5　应采取洒水、防晒、掩埋等保湿措施养护，凝固后拆模回填土并整平。

6.10　外部整饰

6.10.1　除综合点外，地震水准标石埋设后，应进行外部整饰。

6.10.2　区域水准和跨断层水准的水准标石应在水准点正上方放置指示盘或在地震水准标石周围设立指示碑。指示盘和指示碑按图 A.9 和图 A.10 的规格设立，当按 GB/T 12897 — 2006 中图 A.22 的规格设立时，压印的文字“国家水准点”应改为“地震水准点”。

6.10.3　地震水准标石宜设置保护井。

6.10.4　地震水准点的其他外部整饰要求见 GB/T 12897 — 2006 中 5.2.5 和 A.6.4。

6.10.5　台站水准的水准标石宜按 DB/T 8.3 — 2003 中 6.5.1 的要求建立保护房。过渡水准标石应建 0.2 m×0.2 m 的保护井，保护井顶面宜高于周围地面 0.15 m 并设排水沟。

6.10.6　地震水准标石的稳定时限应符合 GB/T 12897 — 2006 中 5.2.8 的要求。

6.11　地震水准点占地与托管

6.11.1　地震水准点埋设结束后，应向当地有关单位和部门办理委托保管手续。

6.11.2　《地震水准点委托保管书》的格式见表 A.3。

6.12　标石埋设资料整理与归档

地震水准点埋设完成后，应对埋设资料进行整理并提交归档。当勘选与埋设同时进行时，提供选埋资料。

6.12.1 资料内容

埋石工作的归档资料包括：

a）埋石方案；

b）埋石过程关键工序照片及水准点埋设后的近景和远景照片（可只提供电子版）；

c）地震水准点点之记；

d）地震水准点委托保管书；

e）测网图；

f）测线图；

g）区域水准的结点接测图；

h）基岩水准点的建设报告；

i）标石埋设工作总结（总结内容要求见6.12.2）；

j）埋设过程中收集到的其他资料；

k）跨断层水准和台站水准还需按 DB/T 8.3 — 2003 中 8.1 ~ 8.3 的要求提交相关资料。

6.12.2 标石埋设工作总结

地震水准标石的埋设总结应包括：

a）项目概况；

b）实施技术依据；

c）作业区域或场地的自然地理概况；

d）实施埋设的人员、时间及投入的设备；

e）实际埋设的水准点的类型和数量；

f）利用的旧水准点或其他观测点的统计；

g）测线示意图及测线表；

h）埋设过程中遇到的问题及处理情况；

i）埋设过程产出的资料清单；

j）对观测工作的安排与建议。

6.13 标石维护

地震水准点应定期进行检查和维护。每次复测前应对水准点进行实地踏勘，逐点检查并记录地震水准标石的状况，视情况进行维修并处理下列事项：

a）地震水准点附近地貌、地物有显著变化时，应重绘点之记并拍摄照片；

b）对损毁的标石及附属设施应进行修补或重新建造。

7 仪器

7.1 仪器选用

地震水准测量使用的仪器设备应符合表2的要求。

7.2 仪器检定与检校

7.2.1 地震水准测量的仪器检校项目应按表3规定的内容执行，检验及校准的方法及记录计算格式应符合 GB/T 12897 — 2006 中附录 B 的要求。

表2　地震水准测量允许使用的仪器

序号	仪器名称	最低指标	备注
1	自动安平光学水准仪（配套线条式因瓦标尺）	±0.40 mm/km	用于地震水准测量，其基本参数与检验要求见GB/T 10156
2	自动安平数字水准仪（配套条码式因瓦标尺）		
3	全站仪	测角：±0.7″ 测距：±（$1+D\times10^{-6}$）mm D为测距长度	用于跨河水准测量，其基本参数与检验要求见GB/T 27663
4	温度记录仪	最小读数不大于0.2 ℃	用于温度测量

表3　地震水准测量仪器的检定和检校项目表

序号	检定和检校项目名称	新仪器	作业前	作业后	跨河水准测量前	检校方法及范例
1	水准标尺的检视	+	+		+	GB 12897—2006中B.1
2	水准标尺上圆水准器的检校	+	+		+	GB 12897—2006中B.2
3	水准标尺分划面弯曲差的测定	+	+	+	+	GB 12897—2006中B.3
4	水准标尺名义米长及分划偶然中误差的检定	+	+	+	+	应由法定检定机构检定
5	一对水准标尺零点不等差及基、辅分划读数差的测定	+	+		+	GB 12897—2006中B.4
6	水准标尺中轴线与标尺底面垂直性测定	+	+			GB 12897—2006中B.5
7	水准仪的检视	+	+		+	GB 12897—2006中B.6
8	水准仪上圆水准器的检校	+	+		+	GB 12897—2006中B.7
9	水准仪光学测微器隙动差和分划值的测定	+	+		+	GB 12897—2006中B.8
10	水准仪视准线观测中误差的测定	+	+		+	GB 12897—2006中B.9
11	自动安平水准仪补偿误差的测定	+	+		+	GB 12897—2006中B.10
12	水准仪十字丝的检校	+				GB 12897—2006中B.11
13	光学水准仪视距常数的测定	+				GB 12897—2006中B.12
14	数字水准仪视线距离测量误差的测定	+				GB 12897—2006中B.22
15	水准仪调焦透镜运行误差的测定	+	+		+	GB 12897—2006中B.13
16	水准仪i角的检校	+	+	+	+	GB 12897—2006中B.15
17	双摆位自动安平水准仪摆差$2C$角的测定	+	+	+	+	GB 12897—2006中B.16
18	水准仪测站高差观测中误差和竖轴误差的测定	+				GB 12897—2006中B.17
19	水准仪磁致误差的检定	+				应由法定检定机构检定

注：表中“+”表示应标定或检校。

7.2.2　每隔5年应按新仪器的检定要求对水准仪和水准标尺进行一次全面检定。

7.2.3　每天工作开始前应检校表3中的2、8项。若对仪器某一部件的质量有怀疑时，应及时进行相应项目的检验。经过修理和校正后的仪器应对受其影响的相关项目进行检定和检验。

7.2.4　用于跨断层水准测量和台站水准测量的水准仪及水准标尺应在每年固定月份按表3所列的作业前项目进行检定或检验校准。第3项每年上、下半年各测定一次。台站水准测量更换水准仪和水准标尺时应按作业前的检验项目进行检定和检校。

7.2.5　地震水准测量开始作业的7个工作日应每天进行1次 i 角的测定。若 i 角变化≤5″，区域水准和跨断层水准作业期间每隔10天测定1次；台站水准每旬固定日期进行1次 i 角的测定。数字水准仪的 i 角 >10″时，宜采用仪器自带的 i 角检校程序进行 i 角的校正。

7.2.6　台站水准使用自动安平光学水准仪时，应每月测定2C角。

7.2.7　用单根水准标尺作业时，作业前应送法定计量检定单位检定或自行测定一根标尺的零点差。一根标尺零点差的测定方法见C.1。

7.3　仪器技术指标

地震水准测量仪器技术指标应符合表4规定。

表4　水准测量仪器技术指标限差

序号	检定项目	指标限差	超限处理方法
1	水准标尺分划面弯曲差	4.0 mm	使用前进行修理
2	一对水准标尺零点不等差	0.10 mm	调整配对
3	水准标尺基辅分划常数偏差	0.05 mm	采用实测值
4	水准标尺中轴线与标尺底面垂直性	0.10 mm	分析后使用
5	水准标尺名义米长偏差	100 μm	禁止使用，送厂校正
6	一对水准标尺名义米长偏差	50 μm	调整配对
7	测前测后一对水准标尺名义米长变化	30 μm	分析原因，正确处理
8	水准标尺分划偶然中误差	13 μm	禁止使用
9	水准仪测微器全程行差	1格	禁止使用
10	水准仪测微器回程差（任一点）	0.05 mm	禁止使用
11	自动安平水准仪补偿误差	0.20″	禁止使用
12	水准仪视线观测中误差	0.40″	禁止使用
13	水准仪调焦透镜运行误差	0.15 mm	禁止使用
14	水准仪 i 角	15.0″	15″~20″校正；>20″所测成果作废
15	双摆位自动安平水准仪摆差（2C角）	40.0″	禁止使用，校正后使用
16	水准仪测站高差观测中误差	0.08 mm	禁止使用
17	水准仪竖轴误差	0.05 mm	禁止使用
18	自动安平水准仪磁致误差（60 μT水平稳恒磁场）	0.02″	禁止使用
19	数字水准仪视距测量误差	100 mm ± 20 mm	禁止使用
20	光学水准仪视距乘常数测定中误差（m_k）	K值的0.30%	禁止使用

8　观测

8.1　基本规定

除本标准有明确规定外，地震水准测量其他要求应按 GB/T 12897 — 2006 中第 7 章至第 9 章的规定执行。

8.2　观测要求

8.2.1　地震水准测量的观测精度应符合表 5 的限差规定。
8.2.2　地震水准测量的重复观测时间间隔应符合表 6 的规定。
8.2.3　地震水准观测的记录均应在现场观测后直接记录或输入。地震水准测量的记录应使用管理部门认定的通过鉴定的记录程序在观测现场直接记录。电子记录应符合 CH/T 2004 和 CH/T 2006 的要求。地震应急等特殊情况下也可采用手工记录，手工记录应符合 GB/T 12897 — 2006 中 9.1.3 的要求。

表 5　测量精度限差

观测类型	精度			
	M_{Δ}/（mm/km）	M_{W}/（mm/km）	M_{km}/（mm/km）	M_{Z}/（mm/z）
区域水准测量	±0.45	±1.0	—	—
跨断层水准测量	±0.45	—	—	—
台站水准测量	—	±0.8	±0.45	±0.10

表 6　地震水准测量复测间隔

观测类型	复测间隔
区域水准测量	1 年 ~5 年
跨断层水准测量	1 个月 ~12 个月
台站水准测量	1 天 ~5 天

8.2.4　地震水准观测的手工记录应使用 2H 铅笔，记录的文字与数字应清晰、整洁。手簿中任何原始记录不得涂擦，对原始记录有错误的数字与文字，应仔细核对后在现场以单线划去，在其上方填写正确的数字与文字，并在备考栏内注明原因。对作废的记录，亦用单线划去，并注明原因及重测结果记录于何处。重测记录应加注“重测”二字。
8.2.5　区域水准测量的测段始末、作业间歇、检测时，应记录观测日期与时间、仪器高度位置的温度、天气、云量（十级制，肉眼所见云彩遮蔽天空面积的十分之几则为几级云量）、成像（清晰稳定、微跳）、太阳方向（相对于路线前进方向的太阳方位：前方、前右、右方、右后、后方、左后、左方、前左，阴天为无）、道路土质、风向及风力（观测前进方向风吹来的方位：前方、前右、右方、右后、后方、左后、左方、前左记录，风力按 GB/T 12897 — 2006 表 D.4 风级表记录）。跨断层水准测量和台站水准测量可只在每个光段的开始和结束时记录前述信息。
8.2.6　下列情况不得进行地震水准观测：

a）日出前 1 h 至日出后 30 min 与日落前 30 min 至日落后 1 h 的时间范围内；

b）太阳中天前后一段时间内（每年 11 月至次年 3 月为中天前后各 1 h，6 月至 8 月为中天前后各 2 h，其他月份为中天前后各 1.5 h。施测单位可根据测区在不同季节的气象条件适当增减，但中午间歇时间最短应不少于 2 h)；

c）标尺分划线的影像跳动剧烈时；

d）气温突变时；

e）风力过大而使标尺与仪器不能稳定时。

8.2.7　观测水准点及其他固定点时，应仔细检查点的位置、编号和名称是否与点之记相符。

8.2.8　观测资料中的观测者、记录者、编算者、绘图者、校对者、检查者等均应由本人签名。

8.3　区域水准观测

8.3.1　区域水准测量的同光段观测重合比按测段统计，同光段观测的测站数应不超过 20%，测段同光段重合测站数的计算方法及示例见附录 B。

8.3.2　区域水准测量的成果取舍应按 GB/T 12897 — 2006 中 7.12 执行。测段若已分别进行 2 个单程的往测和返测，仍未取得合格成果时，应重新进行观测，并注记重测原因。

8.3.3　几个观测组对位于地面沉降和垂直形变较大的同一水准点进行观测时，应尽量缩短观测间隔。

8.3.4　当连续 4 个测段的往返测高差不符值保持同一符号时，宜酌情缩短视线长度，并应采取仪器隔热和防止尺承位移等措施。

8.4　特殊观测

8.4.1　固定标尺观测

8.4.1.1　对设有固定标尺的水准点进行地震水准测量时，应在附近设置临时固定点，并在观测前按附录 C 的要求测定使用标尺的一根水准标尺零点差。

8.4.1.2　临时固定点与固定标尺间的水准测量可使用光学水准仪以单站观测的方式测定高差，并在计算高差时加入一根标尺零点差改正。附录 D 为北京原点测量记录与计算示例。

8.4.2　夜间观测

当通过交通繁忙、车流量大的城区、桥梁、隧道以及进行地震应急水准测量时，可以在夜间观测。夜间观测的方法和限差与正常测量相同。夜间观测应遵守下列要求：

a）提前在观测路段两端设立稳定的临时固定点；

b）宜使用 LED 灯照明；

c）观测时间应在日落后 1 h 至次日日出前 1 h 之间；

d）可在同一个夜间完成往返测观测；

e）临时固定点与水准点之间所形成的测段高差也应满足限差要求。

8.4.3　冰上观测

按 GB/T 12897 — 2006 中 8.11 的要求执行。

8.4.4　跨河观测

当地震水准测线跨越江河、溪流或障碍物，无法进行正常观测时，应根据河流或障碍物的宽度采取跨测观测法、光学测微法和全站仪倾角法进行跨河水准测量。

跨测观测法和光学测微法场地布设、观测要求和计算方法见 GB/T 12897 — 2006 中第 8 章的相关条款，全站仪倾角法的场地布设和观测要求见 GB/T 12897 — 2006 中第 8 章的经纬仪倾角法，观测记录和计算见附录 E。当跨越的距离超过 3 500 m 时，采用的方法和要求应当根据场地具体情况进行专门设计。

8.5　跨断层水准观测

8.5.1　跨断层水准测量允许同光段观测，但各期观测应在相同的光段观测。
8.5.2　跨断层水准测量各期应采用相同的往返测观测顺序。
8.5.3　跨断层水准和台站水准测线构成闭合环时，还应计算环线闭合差。
8.5.4　地震应急时期，跨断层水准进行夜间加密观测时，按区域水准测量中夜间观测要求执行。

8.6　台站水准观测

8.6.1　台站水准测量可不读取和记录与视距相关的读数。
8.6.2　台站水准测量往、返测应分别在不同的光段（上午和下午）进行。经过1年以上不同光段对比观测试验，证明不同光段所测成果差别不大，报请业务主管部门批准，可在同一光段（上午或下午）进行往返观测。但光段选定后，不宜随意变更。
8.6.3　台站水准测量的单程成果的环线闭合差超限时，应查找并分析原因，对作业时存在观测条件较差或其他可能影响观测质量的测线进行重测。台站水准测量每天上午观测结束后，应将各测段的高差与前一天的观测结果进行比较，超过往返测不符值限差时应进行复测。每天的测段往返测观测高差不符值超限时，则只重测下午光段的单程。同一光段往返测观测的台站水准测量，往返测不符值超限时，应分析原因，选择观测条件较差的单程重测。
8.6.4　地震应急时期，台站水准进行夜间加密观测时，按区域水准测量中夜间观测要求执行。
8.6.5　台站水准测量月（年）观测精度和跨断层水准测量的年观测精度超限时，不进行重测，但应分析原因，采取措施减少干扰，并书面通报相关的管理部门和成果使用部门。

8.7　台站水准辅助观测

8.7.1　辅助观测测项

台站水准测量宜选择气温、气压、降水量、地温和地下水位等辅助观测手段进行同期观测。台站的辅助观测项目应不少于3项。台站附近50 km范围内有气象观测站时，也可向气象站收集相应的气象观测资料，但应确认提供气象单位的资质。收集的资料还应由提供单位盖章。

台站水准测量的辅助观测，应符合下列要求：

a）气温观测用安置在台站附近的室外百叶箱内的温度记录设备进行记录。每天定时读取2 h、8 h、14 h、20 h的观测值取其平均值作为当日气温。气温读数取至0.1 ℃。

b）气压观测用放置在台站附近固定地方的气压记录设备进行记录。每天读取2 h、8 h、14 h、20 h的观测值取其平均值作为当日气压。气压读数取至0.1 hPa。

c）降水量是用自记雨量计或量雨筒观测台站水准测量场地附近的日降水总量。若是降雪，须把承接的雪在室内融化后用量杯量取。观测应每日定时量取，降水量读至1 mm。

d）地温是用埋设在地下某一深度的温度计测定的温度。宜采用自记温度采集设备自动记录，温度计探头宜放置在蓖油中。读取每天2 h、8 h、14 h、20 h的观测值取其平均值作为当日地温。地温读数取至0.1 ℃。

e）地下水位观测宜优先采用自动记录装置，每天应读取记录2 h、8 h、14 h、20 h观测值并取平均值。当人工测量地下水位时，应在每天上午和下午的固定时间读取观测值并取平均值。地下水位观测读数取至0.01 m。

8.7.2　辅助观测仪器检定与标定

辅助观测仪器应送法定计量检定单位检定，并在有效期内使用。无法送检的自动记录设备应有完备的验收或鉴定意见，并有规范的标定系统或标定装置，标定装置每年应定期与相应设备比对检定。

DB/T 5 — 2015

8.8 观测成果整理与归档

8.8.1 基本要求

地震水准测量的观测工作结束后，应及时整理和检查观测成果。确认全部符合规范要求后，进行外业计算和精度评定。

8.8.2 区域水准成果整理

8.8.2.1 区域水准测量成果整理应包括：

a）观测手簿的计算；

b）测段、区段、测线往返测不符值的计算；

c）每千米水准测量往返测高差中数偶然中误差的计算；计算方法见 GB/T 12897 — 2006 中9.2.3；

d）环线闭合差的计算；

e）每千米水准测量全中误差的计算；计算方法见 GB/T 12897 — 2006 中 9.2.4；

f）按测线编算区域水准测量成果表。编算区域水准测量成果表时，应进行水准标尺长度改正、正常水准面不平行改正和重力异常改正，计算方法分别见 GB/T 12897 — 2006 中 D.2.1、D.2.3、D.2.4。区域水准测量成果表见表 F.1。

8.8.2.2 重测测段的作废成果应在观测手簿中注明作废原因，在技术总结中将作废成果作为附表列出。

8.8.2.3 区域水准测量应按项目编制作业组技术总结、实施部门技术总结和实施单位技术总结。技术总结按 CH/T 1001 的规定编写，由承担单位、实施部门和作业组的负责人审核签名。

8.8.3 跨断层水准成果整理

8.8.3.1 跨断层水准测量成果整理应包括：

a）观测手簿的计算；

b）测线往返测高差不符值的计算；

c）用测线往返测高差不符值计算每千米水准测量往返测高差中数偶然中误差 M_Δ 的计算；M_Δ 按式（1）计算：

$$M_\Delta = \pm\sqrt{\frac{1}{4n}\cdot\left[\frac{\Delta\Delta}{R}\right]} \qquad (1)$$

式中：

Δ —— 测线往返测高差不符值，单位为毫米（mm）；

R —— 各测线长度，单位为千米（km）；

n —— 测段数。

8.8.3.2 跨断层水准测量成果应进行尺长改正，测线构成闭合环时宜进行闭合差改正。

8.8.3.3 应按场地编制各测线的跨断层水准测量成果表。跨断层水准测量成果表见表 F.2。

8.8.3.4 完成跨断层水准观测后，施测单位每年应用各测线的往返测高差不符值计算每千米水准测量偶然中误差。跨断层水准测量 M_Δ 超限可不进行重测，但应分析超限可能的原因。

8.8.3.5 跨断层水准应按年度编写作业组技术总结和实施单位（部门）技术总结，省局级管理部门应综合本省的跨断层作业情况编写省局级跨断层水准测量技术总结。技术总结按 CH/T 1001 规定编写，由承担单位、实施部门和作业组的负责人审核签名。

16

8.8.4　台站水准测量成果整理

8.8.4.1　台站水准测量成果整理应包括：

a）观测手簿的计算；

b）测线往返测闭合差的计算；

c）用每条测线的往返测不符值按测线计算每月的测站往返测高差中数的偶然中误差 M_Z。M_Z 的计算方法见式（2）：

$$M_Z = \pm\sqrt{\frac{[\Delta\Delta]}{4 \cdot N \cdot n}} \qquad \cdots\cdots (2)$$

式中：

Δ —— 测段往返测高差不符值，单位为毫米（mm）；

N —— 测线的测站数；

n —— 当月的不符值个数。

各测线按月计算 M_Z 后，按测线计算单测线的 M_Z 年度平均。再以带权平均（权为各测线的测站数）的方法计算台站的 M_Z。

d）用日均值的一阶差分 δ 计算每千米往返测高差中数的偶然中误差 M_{km}。M_{km} 的计算方法见式（3）：

$$M_{km} = \pm\sqrt{\frac{[\delta\delta]}{2 \cdot L \cdot (n-1)}} \qquad \cdots\cdots (3)$$

式中：

δ —— 高差日均值的一阶差分（每月第一天与上月最后一天的差分作为当月第一天的差分值），单位为毫米（mm）；

L —— 测线长度，单位为千米（km）；

n —— 当月参加统计的日均值个数。

各测线按月计算 M_{km} 后，按测线计算单测线 M_{km} 年度平均值。再取各测线年度 M_{km} 的平均值作为台站的年度 M_{km}。

e）当台站的水准测线构成闭合环时，还应用各测线的往返测高差中数计算环闭合差。再用每天的环闭合差按月计算每千米水准测量的全中误差 M_W。M_W 的计算方法见 GB/T 12897 — 2006 中 9.2.4。计算方法见式（4）：

$$M_W = \pm\sqrt{\frac{1}{N} \cdot \left[\frac{WW}{F}\right]} \qquad \cdots\cdots (4)$$

式中：

W —— 每天的水准环闭合差，单位为毫米（mm）；

F —— 水准测线组成的环线周长，单位为千米（km）；

N —— 环闭差个数（每月观测天数）。

按月计算 M_W，取各月平均值作为年度 M_W。

8.8.4.2　测量成果应进行水准标尺长度改正。

DB/T 5 — 2015

8.8.4.3　台站应建立测线、测站的观测成果及辅助观测成果数据库，能够生成日均值、五日均值、月均值、年均值和成果表，成果表和图件按年度打印装订成册。

8.8.4.4　M_Z、M_{km}和M_W超限时，不进行重测，但应认真分析可能的原因，采取有效的纠正措施，提高观测成果的精度。

8.8.4.5　应按表F.3的格式每月编制台站水准测量成果表，报送相关单位或部门。

8.8.4.6　应按表F.4的格式每月填写台站辅助观测成果表，报送相关单位或部门。

8.8.4.7　应按年度编写台站技术总结，省局级管理部门应综合所有台站的作业情况编写省局级台站水准测量技术总结。技术总结按CH/T 1001的规定编写，由承担单位、实施部门和作业组的负责人审核签名。

8.8.5　地震水准测量成果检查

实施部门和实施单位应按质量检查规定进行成果质量检查，并编写质量检查报告。

8.8.6　归档

8.8.6.1　基本要求

经过检查后的地震水准测量成果应清点整理、装订成册，编制目录，开列清单，上交资料管理部门归档，形成技术资料档案。

8.8.6.2　区域水准测量成果归档

区域水准观测的成果通过验收后应提交以下归档资料：

a）观测技术设计书、任务书及实施方案（跨河测量工作方案单独编写）；

b）水准仪、水准标尺检验资料及标尺长度改正数综合表（含跨河测量所用仪器检定和检验资料）；

c）水准观测手簿及观测数据电子文件，水准点上重力测量资料；

d）区域水准测量成果表2份（需独立编算，可含外业高差各项改正数计算）；

e）作业小组、实施部门和实施单位的技术总结（跨河测量工作总结可单独编写）；

f）实施部门和实施单位的质量检查报告（含质量评定）；

g）验收报告（含质量评定）。

8.8.6.3　跨断层水准测量成果归档

跨断层水准测量成果通过验收后应提交以下归档资料：

a）水准观测记录数据和水准观测手簿；

b）水准仪、水准标尺检验资料；

c）跨断层水准测量观测成果表及图件；

d）作业小组、实施部门和实施单位的技术总结（按年度）；

e）资料分析报告（按年度）；

f）队级和省局级质量检查报告（含质量评定）；

g）验收报告（含质量评定）。

8.8.6.4　台站水准测量成果归档

台站水准测量成果通过验收后应提交以下归档资料：

a）水准观测记录数据和水准观测手簿；

b）水准仪、水准标尺检验资料；

c）辅助观测记录或手簿；

d）辅助观测仪器的检验资料；

e）水准测量及辅助观测成果表和图件；

f）台站、实施部门和实施单位的技术总结（按年度）；

g）资料分析报告（按年度）；

h）台站级和省局级质量检查报告（含质量评定）；

i）验收报告（含质量评定）。

（附录略）